Katja Schnabels

PFERDE TRAINING

COACHING

FÜR MENSCH UND PFERD

KOSMOS

Inhalt

RUNDUM BESTENS AUSGEBILDET

Eigentlich wollte ich lange gar kein Buch schreiben. Ich bin Trainerin und Coach aus Leidenschaft, und erlebe jeden Tag, wie ich Menschen und Pferden in der Eins-zu-eins-Situation im Hier und Jetzt ihres Alltags oder Trainings ganz gezielt und individuell helfen kann.

COACHING FÜR MENSCH UND PFERD

Viele von euch kennen mich vor allem aus der Sendung „Die Pferdeprofis" bei VOX. Dort hatte ich die wunderbare Möglichkeit, meine langjährige Erfahrung, mein Wissen und meine Herangehensweise mit Pferden in einem Fernsehformat in die Welt hinaustragen zu können.
Obwohl ich diese Arbeit vor der Kamera liebte und traurig war, als es damit zu Ende ging, liegt der Kern meiner Liebe im Alltag mit den Pferden und den Menschen. Du kannst mich und meine Arbeit in Kursen und Trainingscamps, bei Live-Trainingstagen und auch auf den bekannten Pferdemessen in Deutschland, Österreich und der Schweiz erleben. In meinem sonstigen Arbeitsalltag bilde ich zu Hause in Brandenburg zuverlässige Reitpferde aus, trainiere Pferde und coache Menschen – immer im Hier und Jetzt und hautnah.

MEINE PERSÖNLICHEN ERFAHRUNGEN & PRAXIS-ANLEITUNGEN

Im Grunde glaube ich, dass ein Ratgeber wie dieser nicht unbedingt die beste Hilfe ist, ein noch besserer oder versierterer Pferdemensch, Reiter oder auch Trainer zu werden. Die Theorie kann noch so wunderbar einfach, klar und schön aufgeschrieben sein – Fakt ist, dass du vor allem durch die PRAXIS lernst. Warum also dieses Buch? Nun ja, ich habe versucht, ein Format zu finden, das den Bogen von der Theorie zur Praxis mit Anleitungen und Umsetzungen von Wissen schlägt. Ein weiterer Schwerpunkt sind die anschaulichen Geschichten und Beispiele aus meiner langjährigen Erfahrung, die ganz unverblümt die typischsten Irrungen und Verwirrungen der Mensch-Pferd-Beziehung und die gängigsten Alltagsprobleme ansprechen und nachhaltige Lösungen vermitteln. Du musst natürlich Zeit ins Üben investieren, einen klaren Plan entwickeln und eine Zielvorstellung haben. Das Buch kann dir dabei helfen und dich darin unterstützen. Auch viele meiner Kursteilnehmer äußerten den Wunsch nach einem Buch, weil sie gerne weiter trainieren wollen, wenn ein Kurs, Camp oder Coaching beendet ist. Wer also mehr oder weniger allein zu Hause trainiert, bekommt hier eine Möglichkeit, die Basis meiner Methode und Herangehensweise nachzulesen. Und so soll dieser Ratgeber als kleine KS-Pferde-Bibel fungieren, aus der du Empfehlungen, Tipps und Möglichkeiten mit zu deinem Pferd nehmen kannst, um sie in deinen Umgangs- und Trainingsalltag zu integrieren.

Ob die Friesin unter mir wohl mein brandenburgisch versteht?

KONZEPT MIT FÜNF PFEILERN

Wie du sehen wirst, fußt mein Konzept auf fünf Pfeilern, die wie Eckpfeiler eines Gebäudes oder Hauses über Wände miteinander verbunden sind und gemeinsam ein großes Ganzes ergeben und tragen. Sie heißen Wissen, Kommunikation, Respekt, Grenzsetzung und Vertrauen. Das sind die Kernkompetenzen eines guten Pferdemenschen und bilden die Grundprinzipien für eine gute Mensch-Pferd-Beziehung. Ist nur einer der Pfeiler zu schwach, wird das Fundament geschwächt und das Haus läuft Gefahr, einzustürzen. Meiner Erfahrung nach lassen sich fast alle Probleme und Missverständnisse mit Pferden auf die Schwäche eines der Eckpfeiler zurückführen.
In diesem Ratgeber findest du für jeden Pfeiler, also für jede Kompetenz, ein Kapitel. Die Basics werden in der Theorie kurz erläutert und es gibt Erfahrungsgeschichten und viele Tipps, Anleitungen und Übungen zur Praxis.
Du wirst sehen, dass wir auch in die Psychologie von Pferd und Mensch eintauchen, denn da liegt oft die Ursache für „Verhaltensprobleme". Und gleichzeitig bekommst du Wissen und das Handwerkszeug vermittelt, um im Alltag und Training eine wirklich tolle und verlässliche Beziehung mit deinem Pferd aufzubauen.

Viel Spaß!
Ich verspreche dir, wenn du meinen Ansatz verinnerlichst und die Praxisbeschreibungen übst und anwendest, werden sich viele typische „Probleme" im Umgang, Alltag oder beim Training mit dem Pferd auflösen oder gar nicht erst entstehen. Ich wünsche dir viel Freude und Erfolg mit deinem Pferd!

Katja Schnabel

WISSEN UND VERSTÄNDNIS

Links mein berühmter Peppi, ihr kennt ihn von den Pferdeprofis, und rechts der junge Fiete

MIT PFERDEWISSEN LÄUFT ES BESSER

Nur wer sein Pferd in den verschiedensten Situationen richtig lesen kann, kann entsprechend richtig handeln. Wissen und Verständnis bilden die Grundlage für gutes Horsemanship.

THEORIE UND PRAXIS

Wissen und das daraus wachsende Verständnis sind die Voraussetzung für gutes und erfolgreiches Handeln. Das gilt in jedem Zeitalter, in jeder Lebenslage, in jeder Branche. Wer Hintergründe und Zusammenhänge versteht, kann eine Situation richtig einschätzen. Nur so ist es möglich, den Ist-Zustand sicher zu bewerten und zu erkennen, was fehlt oder was gebraucht wird. Und gelingt es, gezielt das Richtige zu tun, um das Gute zu erhalten oder zu verbessern und auch das Fehlende auszugleichen oder das weniger Gute zum Besseren zu verändern.

Wer also ein guter Pferdemensch sein möchte, der mit seinem Pferd artgerecht umgeht und es entsprechend hält und ausbildet, der muss wissen, was er tut.

Nun gibt es viele, die meinen, ausreichend Praxis und/oder auch viel Ausprobieren reiche aus, um zum guten Pferdemensch zu werden und um sich stetig zu verbessern. Das stimmt natürlich insoweit, dass man alles Wissen, das man sich aneignet, auch stets in die Praxis umsetzen und üben muss, dafür reicht Lesen und Anschauen nicht aus. Diesen Aspekt habe ich im Vorwort ausreichend betont. In diesem Buch geht es mir vor allem um die Praxis mit dem Pferd. Doch echte Kompetenz bildet sich nur aus Wissen (Theorie) und Erfahrung (Praxis) gemeinsam aus.

KS-TIPP

Sich Pferdewissen anzueignen, war gut für mich und ist auch gut für dich. Für meinen Werdegang als Trainerin war das Studium der Pferdewissenschaften so wertvoll, dass ich es auf keinen Fall missen möchte.

Pferde durch eine systematische Ausbildung schön und elegant zu machen, ist mein größtes Ziel.

Pferd und Mensch müssen in ein und dieselbe Richtung schauen.

KS-Checkliste

So könnten zum Beispiel folgende Überlegungen und Fragen gestellt werden:

- ☐ Wann und wie wurde das Pferd als Fohlen abgesetzt und wie erfolgte die Aufzucht?
- ☐ Wie wurde das Pferd eingeritten und ausgebildet? Alter, Reitweise, Dauer
- ☐ Gibt es Probleme in der Haltung? Box, Gruppengefüge, zu wenig Platz, keine Liegeflächen
- ☐ Wie viele Stunden ist mein Pferd draußen? Wie viel Zeit hat es mit Artgenossen?
- ☐ Gibt es Verbesserungsbedarf bei der Fütterung?
- ☐ Gibt es Vorerkrankungen und könnten sie eine Rolle spielen?
- ☐ Wie viele Betreuungspersonen hat das Pferd?

NEGATIVBEISPIELE – PRAXIS OHNE WISSEN

Wer zum Beispiel nie gelernt hat, wie sich Stress oder Schmerzen beim Pferd äußern oder wie unterschiedlich die Hintergründe für ein Verhalten wie Kauen oder Gähnen sein können, läuft Gefahr, sein Pferd immer wieder misszuverstehen. Womöglich behält man jahrelang irgendeine Praxis bei, die dem Pferd unangenehm ist oder die ihm sogar Schmerzen bereitet. Da Pferde Schmerzen in der Regel nicht offensichtlich zeigen und auch dem Menschen nicht immer intuitiv zugänglich sind, wird man ohne das entsprechende Wissen nichts erkennen und verändern. Wenn das richtige und notwendige Verständnis fehlt, kann oder wird man nichts verbessern.

Ausreichend Wissen über das Wesen Pferd, seine Bedürfnisse, sein Lernverhalten und all diese Themen aufzubauen, ist also die Voraussetzung dafür, dass man beim Üben und Praktizieren und eigentlich bei jeglichem Umgang mit dem Pferd sein Verständnis schärft und sein Handeln entsprechend anpasst.

Kommt man trotz erarbeiteter Theorie mit dem eigenen Verständnis mal ins Stocken, kann man einen erfahrenen Trainer hinzuziehen, der aus seiner aus Wissen und Erfahrung gewachsenen Kompetenz schafft zu sehen, was es braucht, und das passende Feedback gibt.

Nun muss nicht jeder ambitionierte Pferdemensch ein komplettes Studium absolvieren. Doch sollte jeder Interesse daran haben, sich ausreichend über Grundbedürfnisse, artgerechte Haltung, Lernverhalten und Ausbildung sowie die physische wie psychische Gesunderhaltung von Pferden zu informieren und weiterzubilden. Nur dann kann man im Alltag und in verschiedenen Kontexten – mit Übung und Erfahrung – immer besser verstehen und lesen lernen, was mit dem Pferd los ist und was es braucht, um bestimmte Probleme zu lösen oder vorgenommene Ziele zu erreichen.

KS-TIPP

In diesem Sinne: Wissen und Verständnis bilden die Grundlage für gutes Horsemanship. Egal in welcher Reitsparte wir uns befinden.

Bewegung, frische Luft und andere Pferde gehören zu den wichtigsten (Über)Lebensfaktoren.

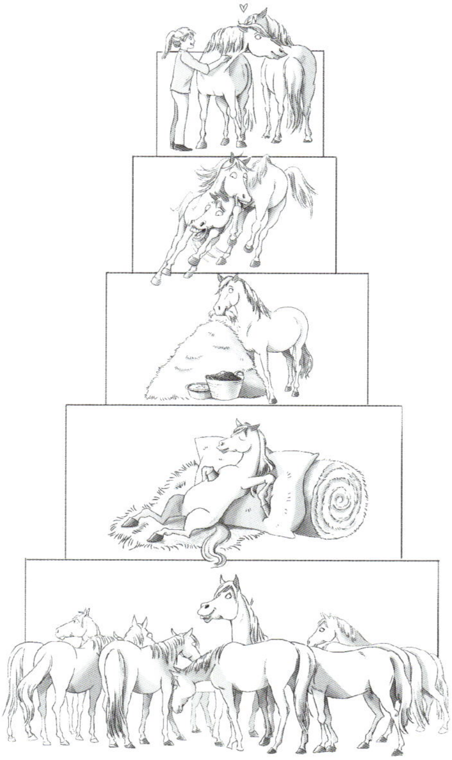

Die Stockwerke zeigen die Rangfolge für ein Pferd: Sicherheit (Herde) als Basis, dann folgen Komfort, Futter, Freunde – nur ganz oben kann der Mensch einen kleinen Platz besetzen, aber vielleicht den einer Kirsche auf einer gesunden „Bedürfnistorte".

BEDÜRFNISSE DES PFERDES

BEDÜRFNISPYRAMIDE

Viele kennen bereits die Bedürfnispyramide nach Pat Parelli, abgewandelt von der Bedürfnispyramide für den Menschen nach dem Psychologen Abraham Maslow. Daraus wird klar, dass ein Flucht- und Herdentier Sicherheit durch Artgenossen braucht. Dann kommen Komfort und Futter und Wasser, danach Spiel und Spaß. Erst ganz oben an der Spitze bleibt Platz für Beziehungen zu Freunden und Partnern. Anders also als bei uns Menschen.

BEWEGUNG

Ich finde es erschreckend, wie vielen Pferden ich begegne, die mit traurigen Augen und hängenden Köpfen in den Boxen stehen – oder auf sogenannten „tollen" Paddocks, die vielleicht zwei Quadratmeter mehr Platz bieten als die Box, – und das ganz alleine! Erschreckend und traurig und wahr. Ein Pferd braucht Bewegung, um sich zu beschäftigen. Es muss sehen und hören können – gemeinsam mit Artgenossen. Unsere Beschäftigung und unser Training ersetzen

nicht die natürliche Bewegung, sie befriedigen nicht das Bedürfnis nach Aktivität und Erforschung im alltäglichen Lebensraum. Wäre ein Mensch gesund und zufrieden, wenn man ihn in einem kleinen Zimmer hielte? Ihn nur ab und zu rausholte, um ihn in einer Sporthalle im Kreis laufen zu lassen? Selbst wenn alle erforderlichen Muskeln angesprochen und trainiert werden würden und er gesundes Essen bekäme, würde er sich trotzdem etwas anderes wünschen: eigenständige Bewegung in Haus und Garten, sehen, riechen und hören können, was vor sich geht, sich nach Belieben zu anderen Menschen gesellen, um mit ihnen zu plaudern und dergleichen mehr.
Dem Herdentier Pferd meint man, eine öde Einzelhaltung als ausreichend und gesund zumuten zu können. Aufgrund der oft großen Diskrepanz zwischen Artgerechtigkeit und Realität möchte auch ich diesen Punkt kurz vertiefen, wie es schon viele vor mir getan haben.

01

02

01 Lebensfreude pur! Notwendige Bewegung für ein freiheitsliebendes Bewegungstier

02 Ausgeglichenheit wird durch die Haltungsform bestimmt.

HALTUNGSFORMEN

Ich bin in all meinen beruflichen Jahren sehr viel herumgekommen, sodass ich in puncto Pferdehaltung und Pferdemanagement wirklich fast alles gesehen habe. Ich bin immer wieder bestürzt, wie gut es Menschen eigentlich mit ihren Pferden meinen, dies jedoch nicht in die Tat umsetzen. Oft ist die Bequemlichkeit des Besitzers am Ende wichtiger – auf Kosten des Pferdes. Worauf ich mich hier beziehe, ist, glaube ich, den meisten klar. Es geht um Einzel-, Boxen- oder Paddockhaltung mit nur ein paar wenigen Stunden artgerechter Bewegungsmöglichkeit am Tag. Im Winter gibt es nicht selten gar keine Angebote für das Pferd, sich frei zu bewegen.

Besser ist hier ganz klar die Offenstallhaltung mit zum Beispiel Paddocktrails, in der es ausreichend viel Platz für jedes Pferd gibt. Das Thema Raum wird hier auch oft übersehen. In der Natur ist Freiraum und Individualdistanz für jedes Individuum wichtig – und wird auch von jedem Pferd beansprucht. Ich sehe viel zu oft zu kleine Offenstallflächen. Hier ist dann natürlich Stress und Ärger für einzelne oder alle Herdenmitglieder vorprogrammiert. Das wirkt sich wieder auf die Zufriedenheit der Tiere aus und spiegelt sich im Umgang mit den Menschen wider.

Also bitte, bitte: Die Haltung muss stimmen und das Pferd muss sich so frei wie möglich bewegen können.

In der Natur laufen Pferde täglich an die 16 km. Eine Boxen- oder Paddockhaltung ist für den Körper schädlich. Lunge und Herz arbeiten nicht, wofür sie eigentlich gemacht sind. Die Pferde bekommen Probleme mit ihrem Bewegungsapparat, mit Sehnen, Bändern und Gelenken. Das Pferd ist und bleibt ein LAUFTIER! Wir machen

Dieser Friese hatte große Probleme mit der Lunge. Die bekommt ein Pferd nicht, wenn es an der Luft gehalten wird.

KS-APPELL

Prüfe die Haltungsform deines Pferdes, schau genau hin und bemühe dich, sie zu optimieren. Ein glückliches Pferd arbeitet besser mit und ist viel leichter auszubilden.

unsere Pferde leider auch durch Bewegungsmangel anfällig und krank.
Mehr will ich darauf gar nicht eingehen, denn darüber ist schon so viel gesagt und geschrieben worden. Es hapert leider immer noch an der Akzeptanz und der Umsetzung durch den Menschen.
Ich bitte jeden Einzelnen darum, dieses Thema immer wieder zu bedenken und zu beleuchten. Es gilt, alle Haltungsparameter zu kalibrieren. Leben und Alltag sollen für das eigene Pferd so gut wie möglich sein – und das gilt es zu managen. Umso glücklicher das Pferd, desto leichter wird ihm die Arbeit und die Ausbildung fallen.

FÜTTERUNG

Die richtige Fütterung ist ein ausgesprochen essenzieller Aspekt der Pferdehaltung, eine wichtige Grundvoraussetzung für ein optimales Training und für eine positive physische Entwicklung des Pferdekörpers. In der Praxis wird das Thema leider häufig unterschätzt. Unsere Pferde sind Dauerfresser – sie brauchen den ganzen Tag etwas zu knabbern, so hat die Evolution den Verdauungsapparat und die Energiebereitstellung der Equiden geschaffen. Seit mindestens 25 Millionen Jahren ist das Pferd ein grasfressender Steppenbewohner. Das Futter in der Steppe ist karg und energiearm. Der Magen-Darm-Trakt ist so lang und groß, damit das Pferd ununterbrochen Energie bereitstellen kann, auch wenn es weite Wege zu teils knappen Futterressourcen zurücklegen muss. Das Pferd streift ²/₃ des Tages umher und sucht sich Futter zusammen.
Um diesem natürlichen Zustand zu entsprechen, ist es unsere Aufgabe, Pferden rund um die Uhr Weidegang zu ermöglichen oder Heu zur Verfügung zu stellen.
Eine zusätzliche Herausforderung ist es, auf die individuellen Bedürfnisse eines jeden einzelnen Pferdes einzugehen. Die individuell abgestimmte Fütterung muss abhängig von Rasse, Konstitution, genetischen Anlagen und Nutzung gemanagt werden. Auch hier treffe ich immer wieder auf Pferde, vor allem welche im Freizeitsportbereich, die so knapp mit Raufutter gehalten werden, dass sie einfach nicht artgerecht leben können. Über kurz oder lang bekommen diese Pferde körperliche Probleme oder haben sie schon. Damit meine ich Magengeschwüre und die Unterversorgung mit Mineralien.
Da dies kein Pferdefütterungsbuch ist, gehe ich an dieser Stelle auch nicht weiter drauf ein. So viel sei aber noch dazu gesagt: Wir ernähren unsere Pferde zu 80% zu kräuterarm und zu kraftfutterlastig und vergessen die Eiweißfütterung. Das Pferd braucht viel mehr Kräuter und pflanzliche Zusätze, Eiweiße und Aminosäuren, als wir ihm normalerweise zur Verfügung stellen. Soll es dann noch Muskeln aufbauen, wird es schwierig. Es kann nichts wachsen, da nichts umgelagert werden kann.
Über dieses Thema spreche ich auch so oft in meinen Camps, da ich in jedem Kurs Pferde vor mir habe, die körperlich schlecht aussehen, aber geritten und trainiert werden und im Idealfall mehr Muskeln bilden sollen. Dann tun mir hier einerseits die Pferde leid, aber auch die Besitzer. Denn sie bemühen sich so sehr, jeden Tag zum Pferd zu gehen, es zu bewegen und zu trainieren und erhoffen sich eine Veränderung, eine Verbesserung. Aber es passiert recht wenig.
Das liegt oft daran, dass den Pferden nichts zugeführt wird, womit sie Muskulatur aufbauen können. Das, was man ihnen füttert, reicht gerade für den Erhaltungsbedarf, aber es kommen ja auch noch zweimal im Jahr die Fellwechsel dazu. Durch Hafergaben kommt natürlich Energie ins Pferd, die wird aber

Zusammen draußen, laufen, fressen, chillen. Das macht Pferde glücklich. Dich doch auch, oder?

schnell zur Verfügung gestellt und genauso schnell wieder abgebaut. Um langfristig und körperlich positiv etwas zu verändern, braucht das Pferd mehr Nährstoffe.
Und wie ich immer so schön sage, „Von nichts kommt nichts". Wovon sollen also die Muskeln wachsen, wenn nichts für diesen Umbau zur Verfügung steht?

KS-TIPP

Achtung! Es versteht sich von selbst, dass es wie bei uns Menschen verschiedene Stoffwechseltypen gibt, von den verschiedenen Rassen ganz abgesehen. So gilt es also immer, sich jedes Pferd genau anzusehen, zu analysieren und sich einen gescheiten Plan zu erstellen, der sich so gut wie möglich an der Natur, an den natürlichen Bedürfnissen der Equiden orientiert.

Probleme mit der Fütterung

Einige wundern sich vielleicht, warum ihr Pferd so wenig Go hat, Überempfindlichkeit der Haut zeigt, beim Satteln und Gurten zwickt, oft grantig und nicht gut gelaunt ist. Sehr oft ist die Antwort in solchen Fällen leider einfach: Magenschmerzen aufgrund von zu wenig Raufutter. Dazu kommen möglicherweise noch zu große Kraftfuttermengen. Diese übersäuern den Magen und begünstigen die Bildung von Magengeschwüren und Magenschmerzen aufgrund des sauren pH-Wertes. Solche Pferde sind unglücklich, schmerzempfindlich, genervt, unzufrieden, unausgeglichen und zeigen dies mit Verhaltensveränderungen. Leider sehe ich das nicht gerade selten. Oft wird das einfach so hingenommen und nicht nach den Ursachen geforscht. Getreu dem Motto „Der war schon immer so" oder „Die war schon immer eine Zicke".

Nein, meistens sind es körperliche und/oder psychische Probleme und Unzufriedenheiten. Dies betrifft interessanterweise vor allem Großpferde. Kleinere Pferde und Ponys sind nach meiner Erfahrung oftmals pferderechter gemanagt und artgerechter versorgt. Ich denke, das liegt an dem Menschenschlag, der Kleinpferde bevorzugt und meist nicht so sportlich ambitioniert ist wie Großpferdebesitzer. Die meisten Pferdehalter sind ja „Einsteller“, das heißt, der Stallbetreiber regelt alles nach seinen Vorstellungen, so wie er es möchte. Natürlich, auf eine Art ist das verständlich. Aus Pferdesicht ist es nicht immer von Vorteil, das heißt artgerecht.
Jeder Pferdebesitzer sollte für sein Pferd einstehen, handeln und sich ein neues Pferdezuhause suchen, damit es dem Pferd am Ende besser geht.
Ich erlebe das wirklich oft in meinen Kursen. Wir thematisieren das eine oder andere Problemchen. Im Anschluss wird die Haltung des Pferdes vom Besitzer überdacht und bestenfalls verändert. Es folgen Berichte über positive Veränderungen beim Pferd. Also alles richtig gemacht.

KS-REMINDER

Bitte überprüfe regelmäßig die Fütterung, vor allem, wenn dein Pferd in einem Pensionsstall untergebracht ist.

Mit anderen Pferden laufen ist so wichtig für die Gesundheit der Organe.

01

SOZIALVERHALTEN

Ein weiteres großes Bedürfnis von Pferden ist das Sozialverhalten. Pferde wollen und brauchen natürlich eine Herde, denn nur so können sie jeden Tag sicher überleben. Viele Pferdeaugen und -ohren können besser aufpassen und Fressfeinde frühzeitig erkennen. Gemeinsam gestalten Pferde ihren Alltag, gehen auf Futter- und Wassersuche, betreiben Fellpflege für das Wohlbefinden, sie spielen – und auch ganz wichtig – Stuten und Hengste pflanzen sich fort und bekommen Fohlen.

Verschiedene Geschlechter und verschiedene Altersphasen bringen leicht veränderte Bedürfnisse mit sich. Hengste wollen spielen, sich aneinander messen – und irgendwann Stuten finden, um eine eigene Herde zu gründen, auf sie aufzupassen und sich fortzupflanzen.

Stuten wollen sich gemeinsam um den Nachwuchs kümmern, die Herde zusammenhalten und einen möglichst ruhigen Alltag verbringen.

Diese Lebens- und Alltagsaufgaben fallen in „Gefangenschaft" leider weg. So ist es die Aufgabe des Menschen, dem Pferd ein abwechslungsreiches und artgerechtes Leben zu bieten. Das fängt bei einer artgerechten Haltung an, reicht bis zur Abwechslung durch Arbeit und Training und geht hin bis zur Ausbildung, auf die ein Reitpferd ein Anrecht hat.

Viele legen den Fokus zu sehr auf das Reiten. Manche halten auch das Betüdeln und Bespaßung für sehr wichtig. Aber es ist die artgerechte Haltung, die sich nun mal über die gesamten 24 Stunden des Tages erstreckt bzw. erstrecken sollte. Die Ausbildung zu einem tollen Pferd, mit der daraus entstehenden Abwechslung, ist das Goodi obendrauf/die Kirsche auf der Torte.

Vernachlässigt man das Thema artgerechte Haltung. Dann schießt man sich auf die Dauer ein Eigentor. Stichwort: Tierärzte, Osteopathen, Stehzeiten aufgrund von Krankheiten, die Ausbildung dauert länger, das Pferd ist nicht willig und fähig, Leistung zu bringen.

02

03

01 Eine konstante, harmonische Gruppe beim Grasen – Idealzustand für jedes einzelne Tier.

02 Gegenseitige Fellpflege versus Einzelhaltung in Box oder Paddock

03 Interaktionen machen Pferde glücklich und ausgeglichen.

☞ WIE DENKEN PFERDE – UND WIE FUNKTIONIERT IHR GEHIRN?

Die Gehirngröße ist verglichen mit dem Rest des Pferdekörpers nicht sehr beeindruckend. Für einen Größenvergleich bietet sich eine Grapefruit mit einem Gewicht von ca. 400 bis 700 Gramm an. Das sind gerade einmal 0,1 % der gesamten Körpermasse des Tieres.

Zum Vergleich: Das menschliche Gehirn macht etwa 2 % des Gesamtgewichts aus. Das Gewicht des Gehirns bildet aber nur einen Aspekt der möglichen Leistungsfähigkeit ab. Struktur und Funktion desselben geben dennoch, wie bei uns Menschen, den Rahmen vor, in dem sich das mögliche Verhalten, Reaktionen und Lernfähigkeiten von Pferden abspielt, und in dem wir sie pferdegerecht trainieren können. Ein wenig neurowissenschaftliches Faktenwissen hilft also, Missverständnisse der Motivationen und Möglichkeiten von Pferden zu vermeiden. So gibt es weniger Kommunikationsprobleme, Stress oder Frust für Mensch und Pferd.

1. Das für die Flucht optimierte Pferdegehirn ist Stimulus-orientiert, das heißt, es ist eher auf Wachsamkeit ausgelegt und mit der Aufmerksamkeit viel „draußen" und reaktionsbereit. Es fällt ihm schwerer, bei einer Aufgabe Ablenkungen und umgebende Stimuli zu ignorieren. Menschen sind besser darin, weil zielorientiert. Dafür ist ihre Aufmerksamkeit viel „innen" und sie können verpassen, was das Pferd gerade ablenkt oder beschäftigt.

Ich wüsste so gern, wie du dich wirklich fühlst und was du wirklich denkst.

Das Pferd hat ein relativ kleines Gehirn.

2. Für dieses Filtern von Reizen, Unterdrücken von Impulsen und Auswählen zielführender Handlungsoptionen spielt der präfrontale Cortex (PFC) eine zentrale Rolle, der beim Mensch in der Evolution riesig geworden ist, aber auch erst mit ca. 25 Lebensjahren voll ausgereift ist. Bei Pferden ist er dagegen kaum ausgebildet, das heißt, sie können z. B. nicht einfach durch „Nachdenken" in einer Situation ihre Angst loslassen, sondern benötigen Habituierung, Desensibilisierung und viel Zeit.
3. Versteht man das, kann man auch davon ablassen, irgendwelche komplexen Pläne oder Strategien in für uns „negatives" Pferdeverhalten hineinzulesen. Pferde (re)agieren im Hier und Jetzt, und genau da können wir ganz sachlich mit ihrem Verhalten arbeiten (siehe Lernverhalten Seite 28/29).

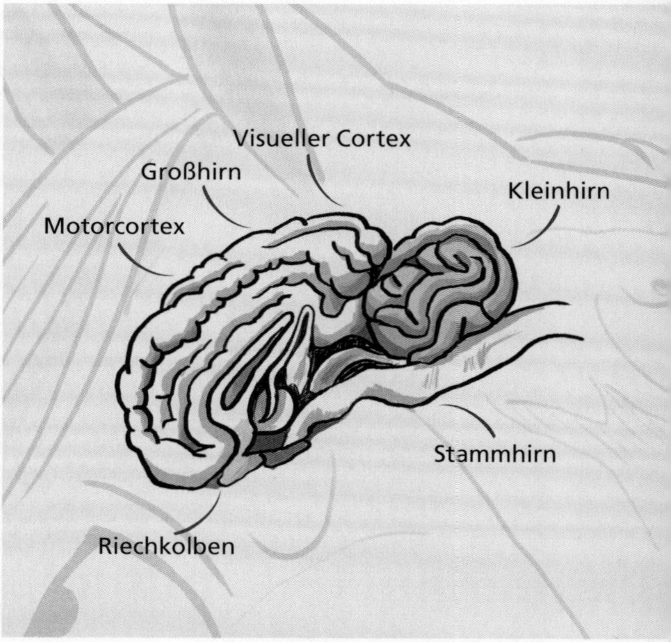

Die Teile des Pferdegehirns

ETHOLOGIE DES PFERDES

Jedes Verhalten eines Pferdes hat eine Funktion und so gliedert die Verhaltensbiologie des Pferdes sich in folgende acht Funktionskreise.

1. SOZIALVERHALTEN

Pferde sind sehr soziale Tiere, und wenn sie gesund sind und eine normale Prägung erfahren haben, würden sie niemals freiwillig in einer Einzelbox leben. In einer Herde ist es immer sicherer. Getreu dem Motto: Viele Augen sehen mehr und so erhöhen sich die Flucht- und somit die Überlebenschancen. Eine Herde bietet ein abwechslungsreiches und reichhaltiges Sozialleben, dazu gehört Spielverhalten, gegenseitige Fellpflege und das gemeinsame Aufziehen des Nachwuchses.

01

2. ERNÄHRUNGS-VERHALTEN

Pferde sind Dauerfresser und brauchen daher immer Zugang zu Futter. Ihr langer Darm, genauer gesagt ist er je nach Rasse zwischen 25 – 39 m lang, muss stets etwas zu verarbeiten haben, denn sonst leidet die Darmflora, die die weitere Zerlegung des Futters gewährleistet. Bereits nach 4 – 6 Stunden fangen die Mikroorganismen an, abzusterben, wenn sie nichts zu verarbeiten haben. Es bilden sich Giftstoffe und es kommt zu Schädigungen des Organismus.

Im Gegensatz zum Darm haben Pferde einen kleinen Magen, mit je nach Rasse 8 – 15 l Fassungsvermögen. Der Magen ist also nur begrenzt aufnahmefähig. Hier wird der Futterbrei mit Magensaft durchmischt und der pH-Wert gesenkt, welches wiederum auch Bakterien abtötet.
Im Darm erfolgt abschnittsweise die weitere Zerlegung der Nährstoffe und die Absorption der wichtigen Mineralien, Vitamine und Spurenelemente.
Die Zeitspanne von der Futteraufnahme bis zum Absetzen des Kots liegt zwischen 36 bis 72 Stunden.

02

01 Back to the roots: Eine natürliche Fütterung hält Pferde länger gesund. Wer keine Koppeln bieten kann, riskiert Langzeitschäden.

02 Eine natürliche Fütterung hält dein Pferd länger gesund und beugt Langzeitschäden vor.

3. FORTBEWEGUNGSVERHALTEN

Pferde sind Bewegungstiere. Für wild lebende Pferde ist es normal, sich bis zu 18 Stunden am Tag fortzubewegen. Sie legen dafür Strecken von bis zu sage und schreibe 30 km zurück, vorrangig, um Futter und Wasser zu suchen und aufzunehmen.
Also liegt es doch auf der Hand, dass wir unserem geliebten Pferd so viel Bewegung und Bewegungsreize wie möglich bieten müssen. Boxenhaltung ist nicht artgerecht, aber aus Menschensicht natürlich praktisch, sogar „unabdingbar", denn nur so können viele Pferde auf relativ kleinen Flächen gehalten werden. Einem Pferd ein paar Stunden Ruhe und einen Rückzugsort zu bieten, da spricht nichts dagegen. Aber wenn es bedeutet, dass es nach dem Arbeiten, nach dem Reiten nur für zwei Stunden auf ein Paddock kommt, und danach bleibt es für die restlichen 20 Stunden in der Box, ist das nicht artgerecht oder sogar tierschutzwidrig.

Pferde dösen zur Erholung bis zu fünf Stunden am Tag. Etwa drei Stunden brauchen sie Tiefschlaf im Liegen.

4. KOMFORTVERHALTEN

Der individuelle Erhaltungstrieb lässt das Pferd nach Wohlbefinden und Gesunderhaltung suchen. Dazu gehört es, sich zu wälzen, zu kratzen, zu scheuern, oder die gegenseitige Fellpflege. Pferde sind hygienische Tiere, die z. B. das Gras rund um Kotstellen meiden. Sie suchen instinktiv nach Kräutern, Blättern oder Rinde, um den Stoffwechsel anzuregen. Das alles lässt sich natürlich mit Herdenmitgliedern viel besser bewerkstelligen. Auch deshalb ist das Bedürfnis nach einer Gruppe und Freunden bei Pferden sehr ausgeprägt.

5. RUHEVERHALTEN

Entspannen, erholen und regenerieren sind wichtig, um gesund zu bleiben. Pferde dösen und schlafen in kurzen, aber häufigen Intervallen, weil sie Fluchttiere sind.
Bei der Offenstallhaltung muss unbedingt auf eine ausreichend große Grundfläche geachtet werden. Viele Pferde haben Dauerstress, weil sie aus Platzmangel zu wenig Tiefschlaf- und Dösezeiten bekommen. Eine Box eignet sich wunderbar als temporärer Rückzugsort, aber nicht für das komplette Pferdeleben.

6. ERKUNDUNGSVERHALTEN

Flucht ist die Überlebensstrategie des Pferdes. Das Fluchttier Pferd muss also ganz arttypisch eine hohe Wachsamkeit haben und eben ein ausgeprägtes Fluchtverhalten. Somit stehen Erkundungs- und Fluchtverhalten in engem Zusammenhang.
Das bedeutet für jedes einzelne Tier einer Herde, 24 Stunden des Tages die gesamte Umgebung im Blick zu behalten. Pferde sind von Natur aus neugierig, beobachten

und erkunden alles ganz genau, um Gefahren zu erkennen und im Zweifelsfall sofort mit Flucht zu reagieren.
Dabei werden alle Sinnesorgane eingesetzt. Die Umgebung und Objekte in weiter Ferne werden vor allem über den Gesichts- und Gehörsinn erkundet und für die Nahorientierung primär über den Geruchssinn sowie den Geschmacks- und Tastsinn.

Die Boxenzeit sollte auf ein Minimum begrenzt sein – und dann heißt es: raus, raus, raus.

7. FORTPFLANZUNGS-VERHALTEN

Pferde sind saisonal polyöstrische Tiere. Das bedeutet, dass Stuten von Frühjahr bis Herbst mehrfach rossig werden. Während der Rosse erfolgt ein Eisprung (Ovulation). Im Winter ist bei den meisten Stuten ein Aussetzen des Zyklus zu beobachten, die sogenannte Zyklusruhe. Die Zykluslänge beträgt 21 Tage, so wird eine Stute also alle drei Wochen rossig.
Das Sexualverhalten von Pferden hat drei Phasen: die Balz, die Paarung und die Nachpaarung.

Interessant ist auch, dass manche Hengste bis zu 3-mal am Tag decken, andere Hengste wiederum nur einmal, manche legen sogar ein bis zwei Tage Ruhe zwischen den Deckakten ein. Der Deckakt an sich dauert etwa eine Minute, selten bis zu zwei Minuten.
Ist eine Eizelle erfolgreich befruchtet, kommt nach etwa 11 – 12 Monaten ein Fohlen zur Welt. Das Fohlen bleibt so lange bei der Mutter, bis das neue Fohlen geboren wird. Das Absetzen passiert nach und nach, es wird immer von der Mutterstute bestimmt. Es geht auch danach, wie frühreif das Fohlen oder der Jährling ist und wie selbstständig es seine eigenen Wege gehen möchte.

Abchecken eines Neuzugangs oder auch Sexualverhalten von Equiden

KS-FAZIT

Nur du trägst die Verantwortung für dein Pferd. Wenn das Pferd keine Möglichkeit hat, sein natürliches Verhalten auszuleben, stellen sich ganz automatisch Verhaltensprobleme bis -störungen ein. Sie sind also menschengemacht.

8. AUSSCHEIDUNGSVERHALTEN

Die meisten Pferde setzten 8- bis 12-mal am Tag Mist ab, wie viel hängt von verschiedenen Faktoren ab. Kommt dem Pferd eine ballaststoffreiche Fütterung zugute, scheidet es mehr Mist aus, bei ballaststoffärmerer Ernährung demzufolge weniger. Bewegen sich Pferde viel, kommt es zu einer stärkeren Darmmobilität und sie setzen dann auch mehr Mist ab.
Das Urinieren ist geschlechterdimorph und so urinieren Stuten nach hinten und Hengste/Wallache nach vorn.

Urin produzieren Pferde typischerweise 15 – 30 ml/kg täglich, was bei einem durchschnittlichen 500 kg schweren Pferd insgesamt etwa 15 l ausmacht. Dies entspricht etwa 5- oder 6-maligem Urinieren eines Pferdes pro Tag.
Hengsten und Wallachen dient das Kotabsetzen auch zur Kommunikation. Sie hinterlassen damit Zeichen unter anderem für andere Hengste und markieren ihr Gebiet. Daher schnüffeln sie oft interessiert an Kothaufen.
Weicher Untergrund ist für das Äppeln und Urinieren am beliebstesten, abseits von Fress- und Schlafplätzen.

☞ LERNVERHALTEN VON TIEREN

Jetzt kommen wir zum Thema Lernverhalten, und wie man die Verbindungen von Reiz und Reaktion dazu nutzen kann, um Pferden etwas beizubringen. Hier stelle ich kurz die Grundlagen und Hintergründe von verschiedenen Lern- bzw. Trainingsmethoden vor.

Das Lernverhalten von Pferden und Tieren allgemein ist ein faszinierendes Feld. Es bietet Einblicke in die kognitiven Fähigkeiten und die Anpassungsfähigkeit von Tierarten auf ihre Umgebung und Umwelt. Pferde lernen auf verschiedene Art und Weisen. Hier sind einige grundlegende Konzepte und Arten. Eins sei noch gesagt: Pferde besitzen nicht die kognitive Fähigkeit, Schlüsse zu ziehen, was wir genau von ihnen wollen. Es ist unsere Verantwortung, es ihnen so leicht wie möglich zu machen, damit sie verstehen, was wir von ihnen wollen. Und das passiert durch ein logisches, einfaches und durchdachtes Training, unterteilt in viele kleine Teilschritte.

Klassische Konditionierung

Dies ist ein Lernprozess, der durch Assoziation auf einen Reiz beruht. Auf einen Reiz folgt stets eine Belohnung. Ein bekanntes Beispiel ist das Pawlowsche Gesetz. Bei Pawlow lernte ein Hund auf das Geräusch einer Glocke zu reagieren, das mit Füttern assoziiert wurde. Nach mehreren Wiederholungen begann der Hund, bereits beim Klang der Glocke zu sabbern, auch wenn kein Futter präsentiert wurde. Eine Kondi-

Kontaktaufnahme des Pferdes und Nachfrage nach Bestätigung.

tionierung (Antrainieren) fand statt und das Tier reagierte reflexartig. Bei unseren Pferden wäre das klassisch der Futterwagen auf der Stallgasse oder das Geräusch von klappernden Futtereimern.

Operante Konditionierung

Hier lernen Tiere durch Belohnung oder Bestrafung. Dieses Lernen ist entscheidend für viele Trainingsmethoden. Hier wird es nochmal in vier Bereiche unterteilt: in die positive und negative Verstärkung und weiter in die positive und negative Bestrafung. Das Pferd lernt etwas Neues, indem ein Reiz gesetzt wird, und das Tier reagiert mit einer freiwilligen Reaktion. Dabei wird der Lernerfolg, bzw. dass es das Verhalten abrufbar lernt, dadurch geschaffen, dass eine sogenannte negative oder positive Verstärkung folgt.

Loben, loben, loben. Zur Bestätigung und somit zur Motivation

Negative Verstärkung: Auf einen Reiz/Druck folgt eine Reaktion. Als Bestätigung d. h. Verstärkung der erwünschten Reaktion wird der Druck weggenommen (deswegen „negativ"), z.B. auf das Zügel annehmen oder einen Schenkeldruck erfolgt ein sofortiges Nachgeben/Wegnehmen.
Positive Verstärkung: Auf einen Reiz/Druck folgt eine Reaktion. Das Pferd erhält eine sofortige Belohnung wie Futter oder Streicheln als Bestätigung bzw. Verstärkung für die erwünschte Reaktion („positiv", weil etwas dazu gegeben wird).
Negative Bestrafung: Hier wird bei unerwünschtem Verhalten etwas weggenommen, das das Pferd eigentlich mag, meistens das Futter.
Positive Bestrafung: Hier wird etwas hinzugefügt, wenn das Pferd unerwünschtes Verhalten zeigt.
Alle vier Konzepte sind recht schwierig, da sie schon in der Theorie nicht so leicht verständlich sind und daher in der Anwendung ebenso. Ziel sollte sein, positive Verstärkung und so wenig wie möglich positive Bestrafung zu nutzen. Wir trainieren unsere geliebten Pferde doch lieber auf der Basis von Geduld und Belohnung und bauen so eine vertrauensvolle Beziehung zu ihnen auf.

So viel zur guten Theorie: Lassen wir uns davon nicht beeindrucken oder unsicher werden. Vereinfacht müssen wir im Alltag mit unseren Pferden umgehen. Das heißt, das Pferd muss auf menschlichen Druck reagieren, aber eben nicht mit Gegendruck. Wenn das Pferd beispielsweise nicht weichen möchte, muss ich meinen Druck erhöhen, bis es dies tut. Das ist die operante negative Verstärkung. Bei Reaktion des Pferdes, nehme ich den Druck wieder weg. Fertig. Das ist und bleibt die am häufigsten genutzte Methode. Natürlich nutzen wir alle auch die positive Verstärkung. Hier kommt wie gesagt das Futterlob bei der richtigen Reaktion dazu. Darauf gehe ich ab Seite 136 nochmal ein.

☞ KS-TRAININGSPLAN

Katja Schnabels Pferdetraining ist der Titel dieses Buches. Das verspricht also, dass es auch ums Pferdetraining geht. Erfolgreiches und nachhaltiges Pferdetraining funktioniert aber nicht ohne Planung. Was also solltest du planen? Ich empfehle dir, dass du dir über folgende Punkte Gedanken machst und sie vielleicht sogar aufschreibst.

- → Was will ich mit meinem Pferd grundsätzlich erreichen?
- → Wo stehe ich im Moment mit meinem Pferd?
- → Was kann es und was kann ICH?
- → Was genau möchte ich erreichen, und zwar kurz-, mittel- und langfristig (Wochen-, Monats- und Jahresplan)?
- → Welche Reitweise und welcher Trainingsansatz gefällt mir und was ist auch für mein Pferd geeignet? Übrigens eine sehr sehr wichtige Überlegung!
- → Falls Turnierambitionen bestehen, muss der Trainingsplan natürlich daraufhin erstellt und abgestimmt werden.
- → Welche Kurse möchte ich dieses Jahr besuchen?
- → Weitere Faktoren, die für diese Erstellung wichtig sind, sind grundlegend: Muskeltraining, Kraft oder Kondition, Beziehungstraining.

Darauf abgestimmt solltest du einen Trainingsplan erstellen. Ich kann an dieser Stelle natürlich keinen pauschal gültigen Trainingsplan für dich und dein Pferd darstellen, da dieser sehr individuell und auf euch beide zugeschnitten werden muss. Dazu gehört eine sogenannte Anamnese, bei der ich alles Wichtige zusammentrage und an der ich mich in der Planung orientiere.

In meiner täglichen Trainingspraxis erlebe ich es oft, dass es erst mal ein Grundproblem gibt. Nehmen wir einmal das schwierige und komplexe Thema der Bemuskelung. Um einen Muskel wachsen zu lassen, muss man ihn durch korrekte Reizsetzung aktivieren. Wenn das nicht passiert, kann sich die Struktur nicht verändern und kein Muskel wachsen. Wer sich dafür interessiert, sollte sich mit der allgemeinen Trainingslehre für Menschen beschäftigen. Das Wissen kann auf Pferde übertragen werden, da sie uns als Säugetiere physiologisch und biomechanisch ähneln.

Dazu kommt, dass du als Reiterin und Reiter technisch korrekt reiten solltest, um das Pferdewohl zu gewährleisten. Förderlich sowie hinderlich kann dann dabei auch der große Markt der Reitweisen und Ansätze sein, der einen sehr verwirren, aber einem auch total weiterhelfen kann. Wichtig ist, sich einen guten Überblick über all die Möglichkeiten zu verschaffen und durchaus auch Methoden auszuprobieren. Dann wiederum ist es wichtig, erst mal bei einem Ansatz und auch bei einem Trainer zu bleiben, um sich tiefer in die Materie hineinzuarbeiten und so nach und nach besser zu werden. Sicher, wenn man auf seinem Weg ins Stocken gerät oder es sich vielleicht sogar in die entgegengesetzte Richtung entwickelt, sollte man sich nach einer anderen Lösung umschauen. Jedes Pferd hat eine gute, faire und machbare Ausbildung verdient. Ganz egal in welcher Reitweise. Das Geheimnis dahinter: Wissen, Fleiß, Weiterbildung, Coaching – und Zeit.

PFERDETRAINING

BODENARBEIT	REITTRAINING	GESUNDHEIT
Trainingsarten	**Ausrüstung**	**Körperarbeit**
Kommunikationstraining	Gebisslose Zäumung	Physiotherapie
Horsemanship	Zäumung mit Gebiss	Osteopathie
Longieren	Halsring	Faszientraining
Stangenarbeit/Cavaletti	**Trainingsort**	Wippen
Handarbeit	Außenplatz	**Behandlungen**
Doppellonge	Reithalle	Dry Needling
Langzügel	Roundpen	Akupunktur
Freiarbeit	Geländetraining	TCM
Zirzensik	**Trainingsform**	Heilkräuter
Gelassenheitstraining	Grundlegende Dressurarbeit	**Checks**
Schrecktraining	Konditionstraining	Hufpflege
Dualaktivierung	Springtraining/Cavaletti	Zahnkontrolle
Wassertraining/Baden		Parasitenkontrolle
		Impfungen

Unterstützung bei der Ausbildung des eigenen Pferdes kann sehr wertvoll sein.

HORSEMANSHIP

Der Begriff Horsemanship wird meiner Meinung nach häufig zu oberflächlich und fast inflationär benutzt. Gleichzeitig wird seine Bedeutung dabei zu selten wirklich ernst genommen und entsprechend gelebt.

WAS IST HORSEMANSHIP?

Man findet zum Beispiel folgende Variante einer Begriffserklärung von Horsemanship im World Wide Web: „Horsemanship erfolgt in der Regel vom Boden aus und basiert auf Körpersprache. Oft wird es deshalb auch als Bodenarbeit bezeichnet. Um eine harmonische Beziehung zwischen Mensch und Pferd aufbauen zu können, muss der Mensch seine und dessen Signale zu verstehen lernen."
Diese Erklärung würde ich so nicht ganz unterschreiben, denn, wie es vielleicht manchen von euch schon selbst aufgefallen ist, es fehlt etwas. Der Begriff des Horsemanship geht viel weiter darüber hinaus und bezieht sich keineswegs nur auf Bodenarbeit! Er umfasst für mich alle Bereiche: vom artgerechten und bedürfnisorientierten Umgang und Training bis hin zur Haltung, Fütterung und Gesunderhaltung. Und auch beim Reiten ist Horsemanship ganz genauso wichtig wie bei der Bodenarbeit. Horsemanship steht für Kommunikation, für Respekt und Vertrauen zwischen Mensch und Pferd. Dazu gehört auch die Berücksichtigung der individuellen Pferdepersönlichkeiten, welche unterschiedliche Ansprüche mit sich bringen, um eine schöne, vertrauensvolle Beziehung aufzubauen.

AUF AUGENHÖHE

Um Natural Horsemanship anzuwenden, brauchen wir Wissen. Hier schließt sich wieder der Kreis zu dem, was ich am Anfang des Kapitels geschrieben habe. Du musst wissen, wie Pferde natürlich kommunizieren und wie sie sich verhalten – unter der Berücksichtigung, dass das Pferd ein Fluchttier ist und den Menschen als Raubtier und daher eigentlich als einen Feind oder eine Gefahr ansieht. Im Horsemanship lernen wir, wie ein Pferd zu denken und wie wir das Pferd zur mentalen und körperlichen Mitarbeit motivieren können.
Du kennst bestimmt den mittlerweile sehr beliebten Ausdruck „auf Augenhöhe".
Wir möchten so gerne auf Augenhöhe und partnerschaftlich mit diesen starken und wunderbaren Wesen zusammen sein und kommunizieren. Dieser Ausdruck steht für Gleichberechtigung, oder? Wir denken an gleichberechtigte Sichtweisen, Gedanken, Gefühle und Bedürfnisse, oder vereinfacht gesagt: „Mein Gegenüber soll sich nicht unterlegen fühlen."
Aber die Wahrheit sieht ein bisschen anders aus. Wir müssen durch pferdisches Verhalten die Rangordnung auf natürliche Weise klären und können dem Pferd so mitteilen, dass wir trotz unseres höheren Rangs seine Partnerschaft und Freundschaft wollen. Wenn wir das Wort Natural Horsemanship

benutzen, so denken wir automatisch an die Körpersprache der Pferde. Diese besteht aus Blicken und Bewegungen auf verschiedenen Energieleveln, sowie Schubsen, Beißen, Treten und Vertreiben, wie auch aus Streicheln mit den Nüstern bis hin zum Kraulen mit den Zähnen. Pferdisch eben.

Kommunikation in der Fremdsprache „Pferdisch" hält bei Mensch und Pferd die Motivation hoch.

Wir brauchen oft nur vorzumachen, was gerade wichtig ist. Hier ist es Entspannung, obwohl das Pferd unsicher oder ängstlich ist.

VERHALTEN VERSTÄRKEN

Man kann den Begriff Horsemanship auch noch anders definieren. Er steht nämlich synonym für die „operante Konditionierung“ im Pferdetraining, womit alle Arten von Druck und Nachgeben (negative Verstärkung) gemeint sind. Hier ist wichtig, dass das Wort Druck wiederum NICHT mit Gewalt in Zusammenhang gebracht werden darf, genauso wenig wie „Augenhöhe“ mit einer völligen Gleichberechtigung assoziiert werden sollte.

Wenn jemand sagt, er bilde sein Pferd ohne Druck aus und möchte einen rein kooperativen, druckfreien Umgang, der ist nicht ehrlich und macht sich und anderen etwas vor. Im Tierreich geht es nicht ohne Druck, Zwang und körperliche Kommunikation. Wir dürfen aber nicht vergessen, dass es viele Nuancen von Druck gibt. Wir dürfen und müssen nicht „bis Stufe 10“ ausholen. Durch das Wahrnehmen kleinster Gesten und Signale der Pferde als Reaktion auf unsere Zeichen können und müssen wir rechtzeitig Druck rausnehmen und Verhalten bestätigen.

Druckstufen

Bei Pferden, wie bei vielen anderen Tierarten, die hauptsächlich mit dem Körper kommu-

nizieren, ist Druck eine Art Währung. Könnten Pferde sprechen, entspräche ihre Kommunikation einer Diskussion, in der andere im positiven Sinne verbal überzeugt würden.
Wichtig ist hierbei, dass die Druckübertragung in ganz feinen Nuancen beginnt und bei Bedarf genauso fein gesteigert wird. Das kann ein Blick sein, Intention über Energieübertragung in verschiedenen Stufen, Mimik, Andeutung von Bewegung, konkrete Bewegung, Raum einnehmen bis hin zum Körperkontakt in unterschiedlicher Intensität.
Über Druck und Nachgeben mit Pferden zu kommunizieren, oder anders gesagt, auf diese Art und Weise die Rangfolge zu diskutieren und durchzusetzen, ist in diesem Rahmen natürlich keine Gewalt – solange man die Feinheiten beherrscht und die Druckausübung angemessen anwendet.
Wir dürfen fragen, wir dürfen persistieren, wir dürfen uns durchsetzen, solange es ein Dialog bleibt, bei dem das Pferd Raum hat, zu antworten. Wir müssen die Regeln einhalten. Dies beinhaltet das Starten auf dem niedrigsten Drucklevel und das feine Steigern sowie das Wahrnehmen der kleinsten Gesten und Zeichen des Pferdes. Zeigt es eine erwünschte Reaktion, wird daraufhin der Druck sofort reduziert.
Gewalt entsteht, wenn unangemessen hoher Druck ausgeübt oder ein direkter, energetischer Körperkontakt verwendet wird, ohne beim niedrigsten Level begonnen zu haben. Es ist auch übergriffig, wenn das Pferd keine Chance hat, eine Antwortmöglichkeit zu geben, der Druck zu schnell gesteigert oder bei einer Reaktion der Druck nicht beendet wird. Das geschieht oft, weil der Mensch in seiner Wahrnehmung und Körperkontrolle oft zu „grob" ist, um das Pferd entsprechend fein zu lesen und es ansprechen zu können. So kann man dem Pferd theoretisch auch durch operante Konditionierung Gewalt antun– in diesem Sinne –, um ein bestimmtes Verhalten anzutrainieren. Der Horsemanship-Gedanke beinhaltet aber, dass man dies durch eine der Pferdekommunikation angemessene, feine Druck-Staffelung tut, also immer in der Pferde-Regel des Dialogs bleibt. Das ist auch wichtig für Respekt und Vertrauen, die beiden weiteren Säulen, die wir später im Buch vertiefen werden.

KS-COACHING – THEMA BEDÜRFNISSE

Was braucht das Pferd?

- → Ein glückliches Pferdeleben: möglichst nur draußen und/oder mit viel freien Bewegungsmöglichkeiten leben, in individuell angepasster großer/kleiner Gruppe, genug Ruhe und Schlaf, Unterstellmöglichkeiten.
- → Außenreize! Schreckhafte Pferde verlieren durch eine artgerechte Haltung ihre Schreckhaftigkeit.
- → Trainierte Bewegung: Ein weniger energiegeladenes Pferd zeigt weniger Spannung bis hin zum Buckeln, das durch aufgestaute Energie entsteht.

Was braucht der Mensch?

- → Ein glückliches, ausgeglichenes Pferd, das die Arbeit und Ausbildung motiviert und gut ausführen kann, sodass es allen Spaß macht.
- → Ein entspanntes Pferd führt zu weniger Angst, zum Beispiel bei Ausritten, zu weniger Gruselecken in der Halle oder auf dem Platz und ergibt mehr Freude und Spaß beim Menschen.
- → Merkst du es? Hier schließt sich der Kreis der Bedürfnisse.

KOMMUNIKATION UND KÖRPERSPRACHE

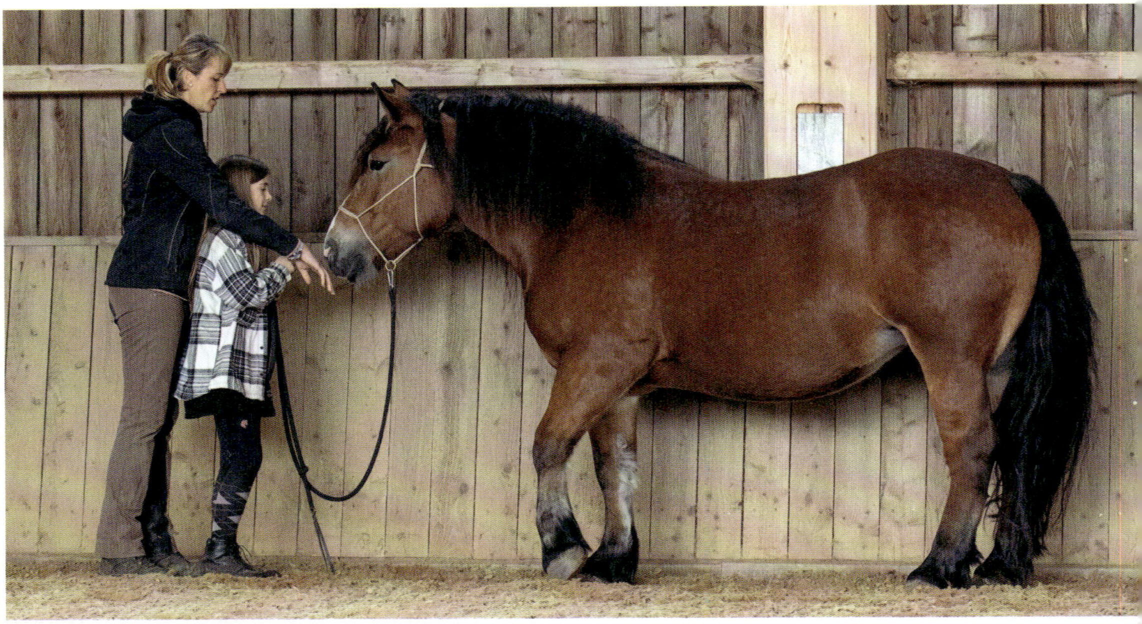
Kommunikation findet immer und überall statt, zwischen allen Beteiligten.

Wenn das Pferd durch klare Kommunikation herausfindet, was es machen soll, macht es fast alles für uns. Coaching ist eine super Unterstützung auf diesem Weg.

SO VERSTEHT DICH DEIN PFERD

Wir können nicht „nicht kommunizieren". Was der österreichische Psychologe Paul Watzlawick so treffend für uns Menschen beschrieben hat, gilt auch in der Tierwelt und sogar zwischen verschiedenen Arten wie Mensch und Pferd.

KOMMUNIKATION ALS GRUNDLAGE

Sobald sich zwei Wesen begegnen, findet Kommunikation statt. Immer, ob bewusst oder unbewusst. Auch intuitive Botschaften kann das Gegenüber lesen und darauf reagieren – und dies geschieht ständig und in Bruchteilen von Sekunden. Blicke, Mimik, Haltung und anderes nonverbales Verhalten geben Auskunft über die Stimmung oder den Erregungszustand des Gegenübers, über Aufmerksamkeit oder Desinteresse und vieles mehr. So kann auch zum Beispiel Sympathie entstehen, was aus dem Altgriechischen so etwas wie „zusammen leiden" oder „zusammen fühlen" bedeutet.
Kommunikation ist ein sehr facettenreicher Prozess und bildet gleichzeitig die Grundvoraussetzung für jede Art von Beziehung zwischen Menschen und Tieren – auch artenübergreifend. Wer also als Pferdemensch eine starke Beziehung mit seinem Pferd aufbauen möchte, muss diese über Kommunikation aufbauen.
Wie schwierig das teilweise schon unter Menschen sein kann, wissen wir. Wie oft versteht mich mein Gegenüber falsch und andersherum? Wie oft belasten kleine und große Missverständnisse Beziehungen? Und nun wollen wir mit einem Lebewesen reden und eine Beziehung aufbauen, das nicht unsere Sprache spricht?
Pferde kommunizieren mit uns genauso wie mit ihren Artgenossen. Dabei sind sie eher leise Wesen, die vorwiegend Körpersprache statt Lautsprache verwenden.

Nicht flüstern, sondern ZUHÖREN bedeutet für mich Horsemanship.

KS-MERKSATZ

Gelingende Kommunikation ist die Voraussetzung für Kooperation. Ein besseres Verständnis bedingt eine harmonische Zusammenarbeit und ist Grundlage für Vertrauen. Das gilt zwischen Menschen, zwischen Tieren – und zwischen Mensch und Pferd.

WAS WILLST DU MIR SAGEN?

Interpretieren Menschen Verhaltensweisen und Bewegungen von Pferden allerdings regelmäßig falsch oder beachten sie gar nicht, stellen diese tollen Tiere ihre Annäherungs- und Ausdrucksversuche mit der Zeit ein. Genauso geben sie irgendwann auf, auf unsere Bewegungen und nonverbalen Signale zu reagieren, wenn sie aus ihrer pferdischen Sichtweise weder lesbar noch interpretierbar sind. Denn, ob wir wollen oder nicht, sie lesen unsere gewollte wie ungewollte Körpersprache jede Sekunde und reagieren darauf. Das ist extrem wichtig zu verstehen.
Wir als das „klügere" Lebewesen haben also die Aufgabe, uns in die Wahrnehmung

und in das Denken des Pferdes hineinzuversetzen und adäquat zu handeln. Deshalb ist es von so großem Vorteil, wenn man ihre Kommunikation versteht, sodass man sie bewusst wahrnehmen und reagieren kann. Gelingende Kommunikation ist schließlich die Voraussetzung für Kooperation, ein besseres Verständnis bedingt eine harmonische Zusammenarbeit und ist Grundlage für Vertrauen.

Genau das wollen wir mit unserem Pferd erreichen und dieses Kapitel soll die Grundzüge aufzeigen, wie Pferde von Natur aus untereinander kommunizieren und wie unsere Kommunikation mit ihnen auf diesem Wissen basierend gelingen kann. Wenn man die Grundzüge versteht und richtig einsetzt, kann man mit Pferden eine Beziehung aufbauen, sie zur freiwilligen Zusammenarbeit und Kooperation motivieren und auch auftretende Konflikte lösen.

Teamwork auf allen Ebenen des Lebens macht alles leichter und noch schöner. Dabei sind die gemeinsame Sprache und das gegenseitige Verständnis unumgänglich.

EIN BLICK AUF DIE PFERDE

In der Kommunikation von Säugetieren, zu denen ja Menschen wie Pferde gehören, gibt es einige grundlegende Aspekte oder Kanäle, über die Informationen fließen können. Das umfasst zum Beispiel Augenkontakt und Körpersprache bis hin zur Berührung, die Stimme und andere akustische Signale, eventuell Gerüche und Duftsignale, und auch eine emotionale Verbindung.

Dabei gibt es zwischen den Arten Unterschiede, welche Sinnes- und damit Kommunikationskanäle besonders ausgeprägt und von Bedeutung sind. Ein weiterer Aspekt, der in den Kommunikationswissenschaften oft wenig erfasst wird, hat mit Bewegung und Richtung zu tun und wie man daraus Intentionen ablesen kann, um zu erkennen, was ein Artgenosse will oder vorhat.

Die Blickrichtung kann anzeigen, wofür sich jemand interessiert oder worauf er die Aufmerksamkeit richtet. Wie ich meinen Körper ausrichte, kann zeigen, wohin ich gehen möchte. Mäuler, Münder oder Schnauzen sowie Hufe, Hände oder Pfoten, die in eine Richtung zeigen oder ausgestreckt werden, übermitteln die Absicht, noch bevor die Handlung umgesetzt oder das Ziel erreicht wird.

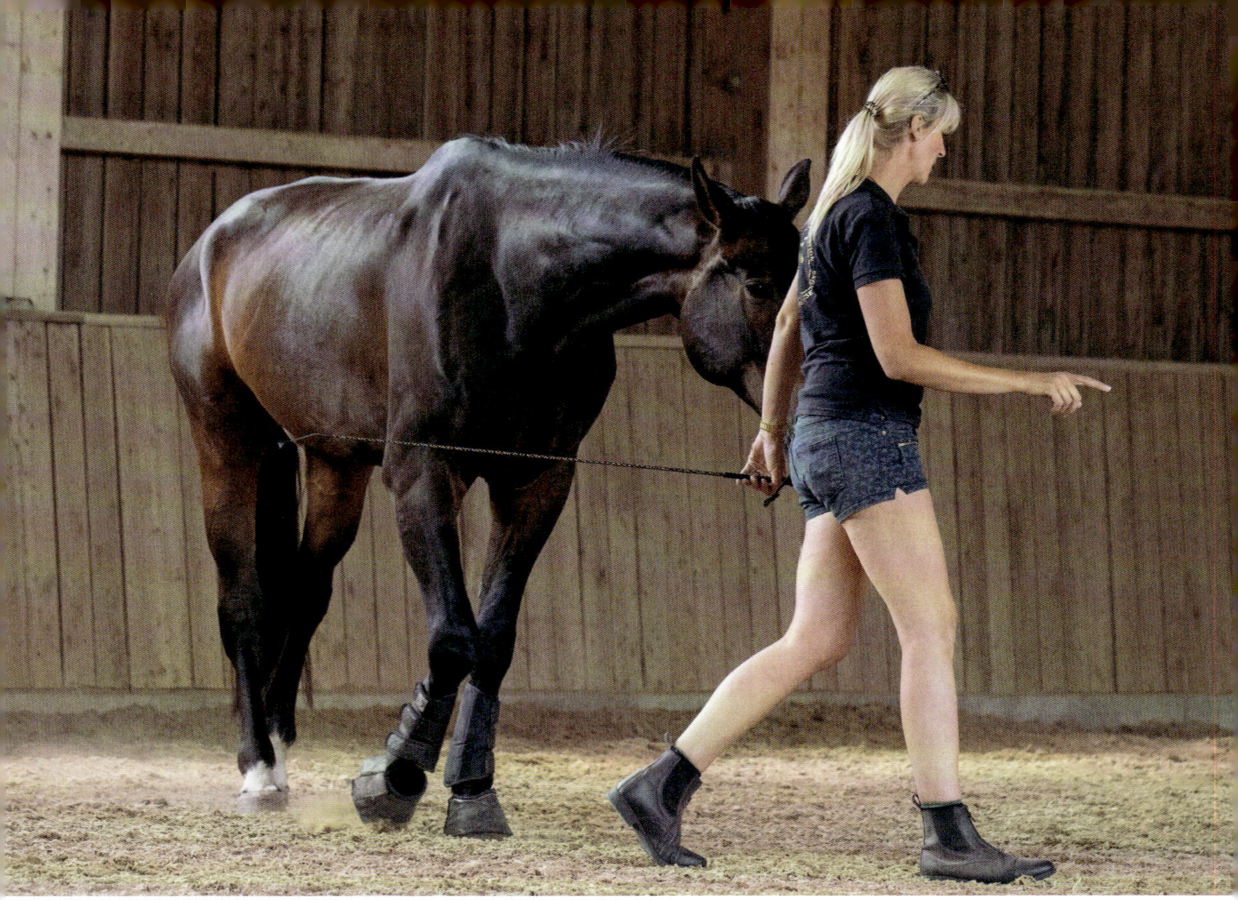

Gesten und Signale sind wichtiger als Worte

KOMMUNIKATIONS-WEGE

Für das Pferd sind drei natürliche Kommunikationswege zentral, die wir Menschen zum einen kennen und dann natürlich nutzen sollten. Diese sind das *Raummanagement*, die *Körpersprache* und die *akustische Interaktion*.

Wir Menschen sind mit unserer gesprochenen Sprache zwar Meister der akustischen Interaktion, jedoch können wir die ersten beiden Kanäle – Raummanagement und Körpersprache – oft kaum bewusst lesen und einsetzen, obwohl das in unserer langen Vorgeschichte sicherlich anders war. Daher ist es unumgänglich, dass man diese erst mal verstehen lernen muss, um sie bewusst und gezielt einzusetzen. Das erfordert Training und Ausdauer. Einen Vorteil haben wir Menschen hierbei aber, denn die Prinzipien von Körpersprache und Bewegung sind Teil unseres gemeinsamen Erbes als Säugetiere. Das bedeutet: In uns ist eine entsprechende Intuition angelegt, wir müssen sie nur wieder aktivieren und abrufen.

RAUMMANAGEMENT

Es geht um das Zusammenspiel Präsenz/Energie und Bewegung/Richtung: Bei der Kommunikation zwischen Pferden in einer Herde steht das Raummanagement ganz oben in der Prioritätenliste. Pferde sind nicht nur Körpersprachenspezialisten, sondern auch noch Distanzspezialisten. Einerseits müssen sie sich in ihren Herdenverbänden untereinander unentwegt bewegen und organisieren, gemeinsam lange Strecken zu-

rücklegen und entscheiden, wann sie alle gemeinsam wohin zum Grasen, Trinken oder Dösen ziehen. Im Falle einer Gefahr oder eines Raubtierangriffs müssen sie blitzschnell gemeinsam die Flucht ergreifen können, ohne dabei starke Unfälle zu verursachen.
Allein durch diesen Kontext, der eine enorme räumliche Organisation ihrer großen Körper erfordert, können sie Distanzen unglaublich gut einschätzen und benutzen sie zeitgleich auch zur Verständigung. Das ist uns Menschen oft nicht bewusst.

Bei Pferden geht es immer um die WBW-Frage „Wer bewegt wen". So wird die Rangordnung geklärt und gefestigt, die wiederum Ruhe und Harmonie in die Herde und das gemeinsame Zusammenleben bringt und die der genannten räumlichen Organisation ihrer großen Körper eine klare und verlässliche Struktur gibt. Diese Ruhe und Harmonie, die durch Sicherheit und Orientierung im Herdenverband erreicht wird, ist das oberste Ziel eines Pferdes, natürlich neben der Nahrungssuche und der Fortpflanzung.

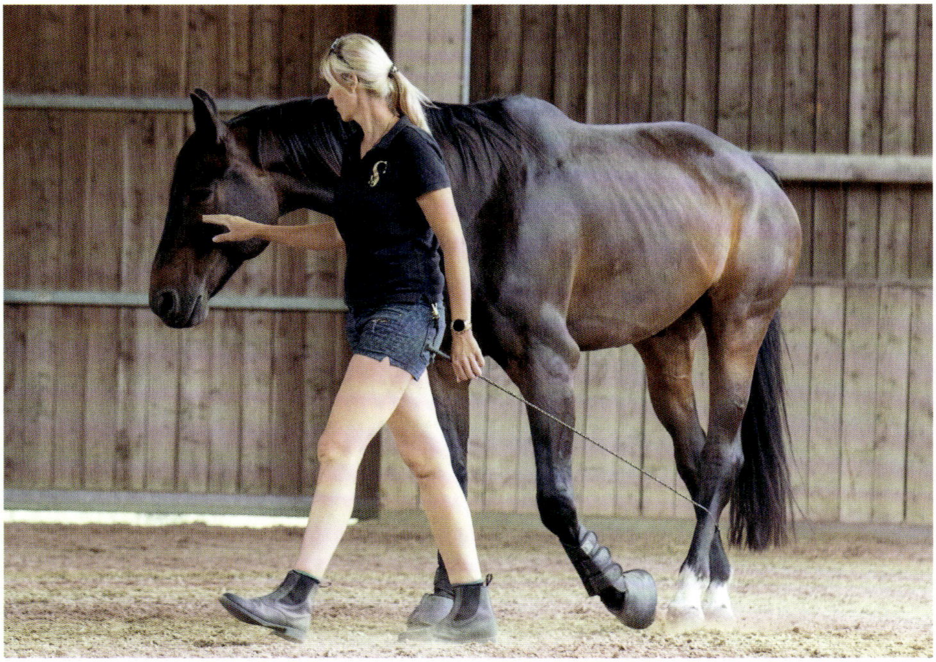

Impulse am Pferdekörper sind sehr hilfreich, denn Pferde sind sehr taktile Lebewesen. Denk nur mal an den Nüsternkontakt, mit dem Pferde in Interaktion treten.

KS-BEISPIEL: DISTANZSPEZIALISTEN

Nehmen wir uns als Beispiel eine Mutterstute heran, die in einer Box mit ihrem Fohlen untergebracht ist. Wie exakt Pferde sich im Raum bewegen müssen und welche Auge-Bein-Koordination dazugehört, um nicht auf das Fohlen zu treten, wird an dieser Stelle bestimmt jedem klar. Wenn also ein Besitzer sein Pferd in Schutz nehmen möchte und sagt, er sei selbst schuld gewesen, da er zu nah am Pferd stand und sein Pferd den Fuß nicht habe sehen können, sagt er nur die halbe Wahrheit.

Schwierigkeiten für den Menschen

Leider fehlen uns Menschen oft das Wissen, die Kompetenz und die körperlichen Fähigkeiten für das Raummanagement. Infolge dessen bekommen wir weder den benötigten Rang, noch können wir dem Pferd eine Verlässlichkeit beim Führen und Folgen bieten, wodurch Probleme entstehen. Oder wir müssen uns den Rang mit härteren Mitteln erkämpfen und durchsetzen, was zu Spannungen und Unmut in der Beziehung führt und wie ein Pulverfass werden kann, das irgendwann „hochgeht".
In meinen Kursen und Camps ist immer wieder eines der Hauptthemen, die bearbeitet werden – und wirklich immer und immer wieder –, die Frage: „Wer nimmt welchen Raum ein?"
Uns Menschen ist es oft nicht bewusst genug, was unsere Bewegungen im Raum um und am Pferd sowie unsere Laufwege für ein Pferd bedeuten. Ungeachtet der restlichen Körpersprache entstehen dadurch bei der Bodenarbeit die meisten Kommunikationsfehler.
Der Mensch muss letztendlich anfangen, seinen Körper und seinen Körperraum im Spiel von Bewegung und Distanz bewusst

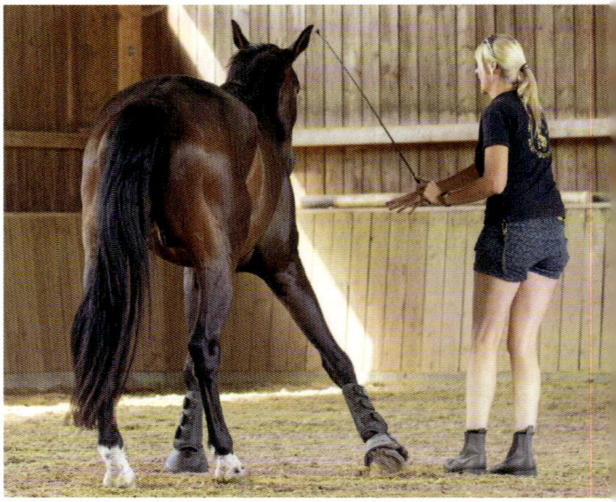

01

wahrzunehmen, einzusetzen und über seine körperlich-räumliche Präsenz dem Pferd zu kommunizieren. Es sollte unbedingt unser Ziel sein, das Raummanagement, diesen primären Kommunikationskanal des Pferdes, nutzen zu lernen.

Anleitung für den Menschen

Was folgt daraus für uns? Einmal hilft es uns, im Zusammensein und bei der Arbeit mit dem Pferd, der Bedeutung von a) Raum und Distanz und von b) Raum einfordern, einnehmen und c) weichen und Raum geben bewusst zu werden. Dann wollen wir diejenigen sein, die dem Pferd die benötigte Sicherheit und Orientierung geben, indem wir die räumliche Organisation der Distanzen und Bewegungen unserer Körper managen.
Wenn wir dies verstehen und es uns gelingt, unserem Pferd dieses Gefühl zu geben, ist ein großer Schritt auf dem gemeinsamen Weg getan. Das, und nicht Dominanz, ist der eigentliche Grund, warum wir der Ranghöhere in der Pferdebeziehung sein sollen. Und schlichtweg das Raummanagement zu beherrschen, ist die einfachste und beste

02

03

Art, sich den Rang zu sichern. Ein höherer Rang wird dir dann vom Pferd freiwillig zugeschrieben, es wird dich anders ansehen und auch anerkennen, ohne dass du darum kämpfen, geschweige denn Gewalt anwenden musst.

01 Die Gerte dient zur Verlängerung des Körpers sowie zur Verstärkung.

02 Kommunikation lässt Spiel- und Interaktionsfreude entstehen.

03 Pferde sind geborene Folger, Spiegler und Körpersprachenspezialisten.

BESTANDTEIL 1: KÖRPERLICH-RÄUMLICHE PRÄSENZ UND INNERE ENERGIE

Man kann dem Pferd diese so ungemein wichtigen Botschaften des Raummanagements so gut wie nicht mit Worten übermitteln. Um einen Raum einzunehmen oder freizugeben, benötigt man die Körpersprache im Sinne von körperlicher Präsenz, die man willentlich hoch- und herunterfahren oder fokussieren kann. Die Körperpräsenz und ihren Einsatz müssen wir verstehen lernen und üben.

Auch wenn wir weniger mit Raummanagement kommunizieren, kennt jeder von uns die Wirkung von Präsenz auch bei uns Menschen. Es gibt Leute, die betreten einen Raum und werden durch die Präsenz, die sie ausstrahlen, sofort wahrgenommen. Sie werden stärker BE-achtet – und in Folge oft sogar GE-achtet. Das heißt, auch wir kennen die Verbindung von Präsenz im Raum und sozialem Rang.

Daneben gibt es auch die Menschen, die eher unbemerkt bleiben und oft auch weniger Achtung erfahren. Die erstgenannten, präsenten Typen sind oft Menschen in Führungspositionen, die es gewohnt sind, durch ihr Auftreten Aufmerksamkeit und Respekt zu erzeugen. Auch Lautstärke und rücksichtsloses Sich-Durchsetzen erzeugen Präsenz und melden einen Führungsanspruch

01

01 Präsenz durch körperliche Äußerung. Hier hebe ich meinen Arm, verdeutliche meinen Raum und das Pferd wird aufmerksam, pferdisch eben.

02 Mit deutlicher Vorwärtsenergie reagiert das Pferd auf meine eigene Vorwärtsenergie.

an. Das ist bei Menschen oft erfolgreich. Bei Pferden ist allerdings nicht nur der vermeintlich Stärkste der Herdenführer, sondern auch der, der innere Stärke, Souveränität, Ruhe und Gelassenheit mitbringt und ganz genau weiß, was er tut. Diese Ausstrahlung sollten wir für das Pferd haben – am Führseil, im Sattel und auch im Alltagshandling. Das Pferd soll spüren, dass wir uns sicher sind, stets einen Plan haben und wissen, was als Nächstes kommen wird und was die „Herde" (auch die 2er-Herde Mensch-Pferd) tun muss. Und um das souverän zu zeigen, ist das Raummanagement eben der erste und grundlegendste Kommunikationskanal.

Wie funktioniert Präsenz?

Körperpräsenz wird durch unsere Muskeln moduliert, durch An- und Entspannung, Kontraktion und Extension. Die nötige Art von Muskelanspannung ist dabei nicht mit dem Einsatz körperlicher Kraft gleichzusetzen, sondern eher mit dem Schaffen einer wachen, reaktionsbereiten Präsenz im Raum. Bewusstes Atmen und innere Bilder können helfen, diesen eigenen Präsenzzustand zu erzeugen und kontrolliert einzusetzen.
Man kann sich Präsenz auch als Energie vorstellen. Wenn wir lernen, mit Energiestufen zu spielen, können wir unsere Körpersprache fokussiert oder weniger fokussiert einsetzen.

02

☞ ENERGIEFELDER – IN DER PFERDE-KOMMUNIKATION

Es gibt drei grundlegende Energiearten, mit denen Pferde kommunizieren: Push, Draw und Block. Mir ist es wichtig, diese drei Bewegungsenergien hier zu beleuchten.

→ **Push** Wie es der Name schon sagt, ist ein *Push* eine wegdrückende Energie. Sie wird eingesetzt, wenn ein Pferd Raum für sich beanspruchen und ein anderes Pferd aus diesem Raum wegschicken will. Ohne ein gutes, starkes Push bekommt ein Pferd keine Aufmerksamkeit des anderen, geschweige denn Raum freigegeben.
So müssen auch wir Menschen uns ein starkes Push aneignen, um es am Ende einem Pferd erfolgreich entgegenzubringen. Es muss glaubwürdig sein. Dafür braucht es gestraffte Schultern, einen festen Blick, einen stabilen, ruhigen Schritt, runde, ruhige und zielgerichtete Bewegungen und Signale, die wir gegebenenfalls mit unseren gewohnten Hilfsmitteln wie Gerte oder Seil verstärken müssen.

Körperkräftemessen. Dargestellt von zwei Giganten.

→ **Draw** Ein *Draw* ist das Gegenteil von Push und bezeichnet eine heran- und mitziehende Energie. Hierbei lädt ein Pferd ein anderes zu Nähe und Folgen ein. Für ein *Draw* dreht sich ein Pferd von einem anderen ab und geht energetisch los oder es geht, vor allem beim Spielen, energetisch rückwärts, ohne sich zu drehen, was Raum öffnet und eine klare Einladung zum Folgen ist.
Um als Mensch ein gelungenes *Draw* auszuführen, muss man beim Weggehen trotzdem eine klare und fokussierte Energie nutzen und präsent bleiben.

→ **Block** Mit einem *Block* lässt ein Pferd ein anderes nicht mehr an sich vorbei, sondern zeigt ihm an, dass es vor ihm stoppen muss. Wenn es weitergehen möchte, muss das andere Pferd auf Abstand in einem Bogen um das *Block*-sendende Pferd herumlaufen. Um dasselbe erreichen zu können, benötigen wir als Mensch eine wirklich starke Präsenz, Willen und Durchsetzungsvermögen. Unsere Füße müssen fest am Boden

Push
Push als wegdrückende Energie.

Draw
Diese Energie veranlasst das Pferd zum Mitkommen.

Block
Energie, die zum Stopp führt.

stehen bleiben. Anfangs müssen wir oft auch unsere Hilfsmittel einsetzen, wenn der ausgestreckte Arm nicht ausreicht. Es kann hilfreich sein, sich selbst als eine große Energiekugel vorzustellen, an der das Pferd abprallt – oder ein ähnliches Bild, das einem hilft, eine starke Präsenz zu erzeugen.

→ **Anwendung** Diese drei Energien muss man ausprobieren und anwenden, um sich eine pferdische Grundkommunikation zu erarbeiten. Diese kann man dann in der weiteren Ausbildung am Boden bis hin zur Freiarbeit nutzen. Probiere es aus, und du wirst schnell merken, wie gut dein Pferd dich versteht!

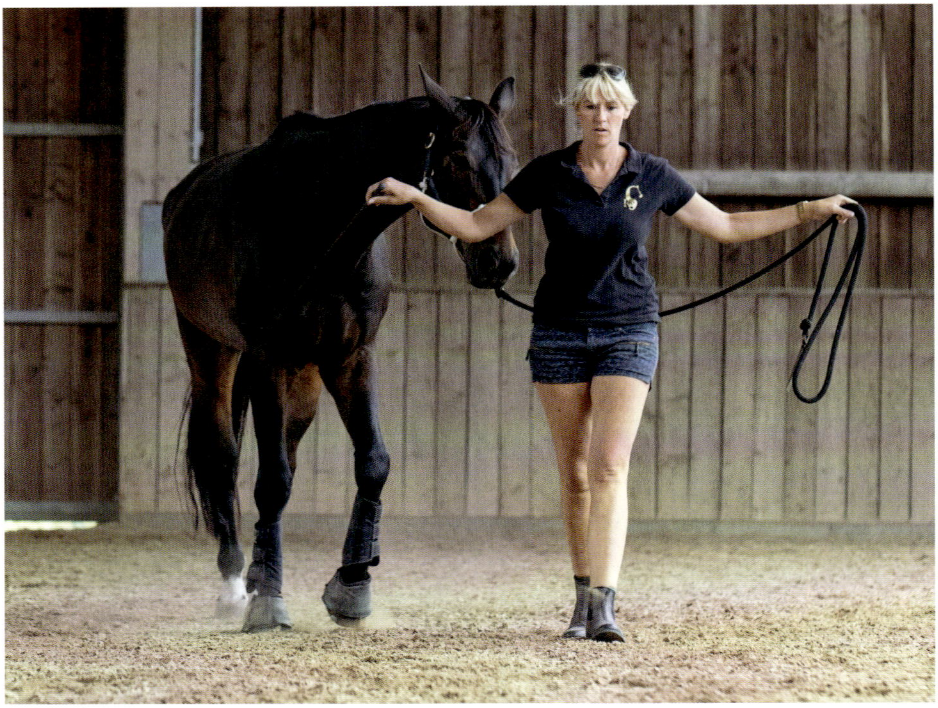

01

KS-BEISPIEL: INTUITIVES ZURÜCKWEICHEN DES MENSCHEN

Ein Beispiel, warum Präsenz erlernt werden muss und wie oft unsere unbewussten Raumbotschaften gleichzeitig ungewollte Rangbotschaften transportieren, ist der folgende Klassiker: Das Pferd kommt auf den Menschen zu, der Mensch möchte instinktiv seine Füße schützen und tritt ein Stück zurück. Für das Pferd ist das Zurücktreten aber die Einladung, noch näher zu kommen, und es interpretiert dies sogar als Schwäche oder als Zeichen, dass der Mensch aus Unsicherheit und fehlender Souveränität seinen Platz, also seinen Raum dem Pferd überlässt. Das Pferd fordert Raum und es funktioniert, sprich, das Pferd bekommt ihn. Besser wäre es in der Situation, der Mensch bliebe stehen, behielte seinen Raum oder würde sogar noch ein bisschen mehr Raum vom Pferd einfordern, um Respekt zu erwirken.

BESTANDTEIL 2: BEWEGUNG UND RICHTUNG

Die Präsenz bildet also den Grundstein des Raummanagements, indem sie die Aufmerksamkeit und Achtung des anderen erzeugt sowie die Bereitschaft, zu folgen oder zu weichen. Darauf aufbauend stellen Richtung und Bewegung die konkreten Ausdrucksmittel und Botschaften dar, die im Raummanagement vermittelt werden. Zuvor hatte ich bereits erwähnt, wie Richtung und Bewegung unter Säugetieren generell Informationen transportieren können.
Bei Herden- und Fluchttieren, und bei Pferden besonders, bestimmen sie einen Großteil der Kommunikation. Mit nur einer kleinen Berührung oder einem intensiven Blick senden Pferde bereits wichtige Nachrichten. Bewegungs- und Richtungsbotschaften können dabei mit der Ausrichtung des Blicks, der Ausrichtung oder gerichteten

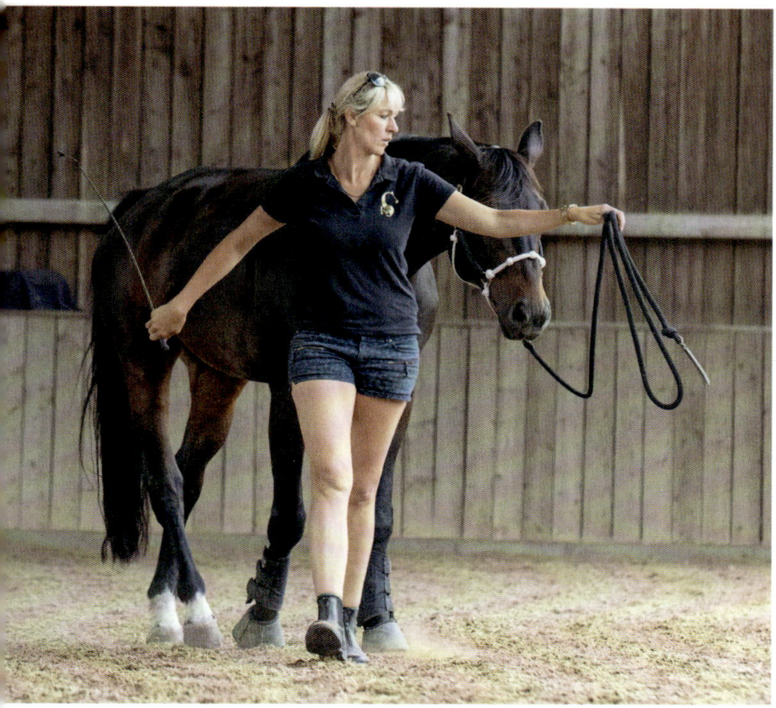

02

01 *Das Pferd sollte jederzeit dirigierbar sein. Eine schöne Übung: Das Pferd wechselt die Seite, nicht der Mensch. Mit Zuhilfenahme einer Gerte.*

02 *Der eigene Körper bleibt aufrecht und läuft schnurstracks geradeaus. Der Kopf darf und muss gewendet werden.*

03 *Der Strick sollte immer durchhängen. Körperzeichen und -signale reichen aus.*

Bewegung von Körperteilen oder des ganzen Körpers ausgedrückt werden – dazu werden verschiedene Stufen von Energie, im Sinne von Druck und/oder Geschwindigkeit erzeugt. Beispiele wären z. B. der Einsatz gerichteter Blicke zur Abstimmung eines Bewegungsziels in der gemeinsamen Navigation.
Die bekannte Regel beim Führen des Pferdes, „zu schauen, wohin man gehen will", kommt daher, dass Pferde dies intuitiv verstehen und sich durch das gezielte Schauen oft auch unser Körper ausrichtet und klarer lesbar wird. Ein anderes Beispiel ist, dass Pferde auf ein Körperteil blicken, um ein anderes Pferd weichen zu lassen oder es sogar wegzutreiben.

03

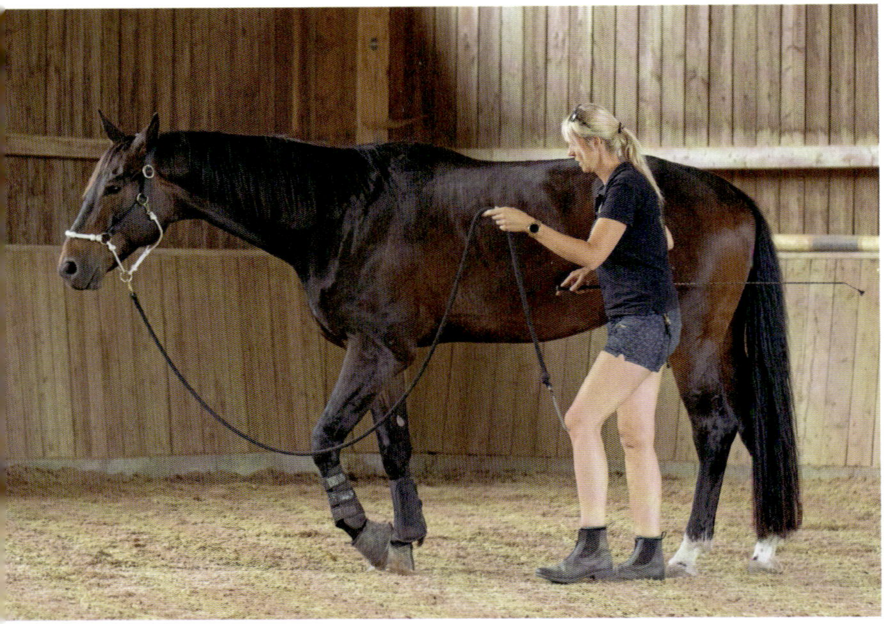

01 Das innere Ohr ist beim Menschen. Pferde sehen eben einfach alles.

02 Klare Körpersprache bringt Verständnis, Ruhe und Motivation zur Zusammenarbeit.

01

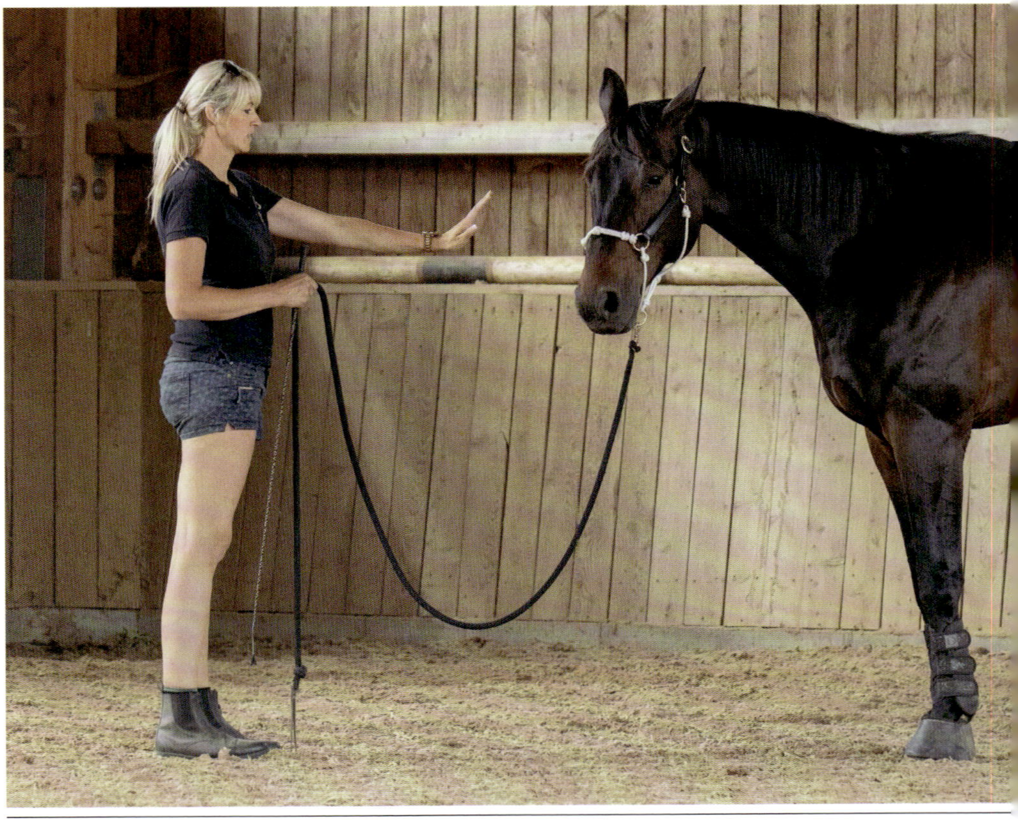

02

Mögliche Steigerungen wären das Deuten mit der vorgestreckten Nase auf das Körperteil, eventuell mit angelegten Ohren; das Ausrichten des Körpers in die Richtung mit einer angedeuteten Bewegung; dann eine tatsächliche Bewegung auf die anvisierte Körperstelle des anderen; schließlich die Bewegung bis zum Kontakt, der auch unterschiedlich intensiv ausfallen kann, von einer sanften Berührung mit der Nase bis zum Stupsen, Rempeln oder Beißen. Meist reicht jedoch die leiseste Energiestufe aus.
Auch hier muss der Mensch das Erkennen der leisen Pferdebotschaften üben, seine eigenen, vielleicht unbewusst gesendeten Richtungs- und Bewegungsbotschaften wahrnehmen lernen und das bewusste und klare Kommunizieren mit solchen Botschaften trainieren.

KS-Checkliste

So könnten zum Beispiel folgende Überlegungen und Fragen gestellt werden:

- ☐ Kann ich mit meinem Körper und meinen Muskeln bewusst und unbewusst spielen?
- ☐ Kann ich anspannen/entspannen und mich klein-/großmachen?
- ☐ Stoppt mein Pferd, wenn ich selbst stehen bleibe, ohne etwas zu sagen?
- ☐ Geht mein Pferd rückwärts, wenn ich mit straffen Schultern auf es zugehe?
- ☐ Kommt es direkt mit mir mit, wenn ich mich mit Energie von ihm wegbewege?
- ☐ Verschiebt mein Pferd Körperteile, die ich anvisiere oder drauf zugehe?
- ☐ Klappt all das, OHNE Worte zu benutzen?

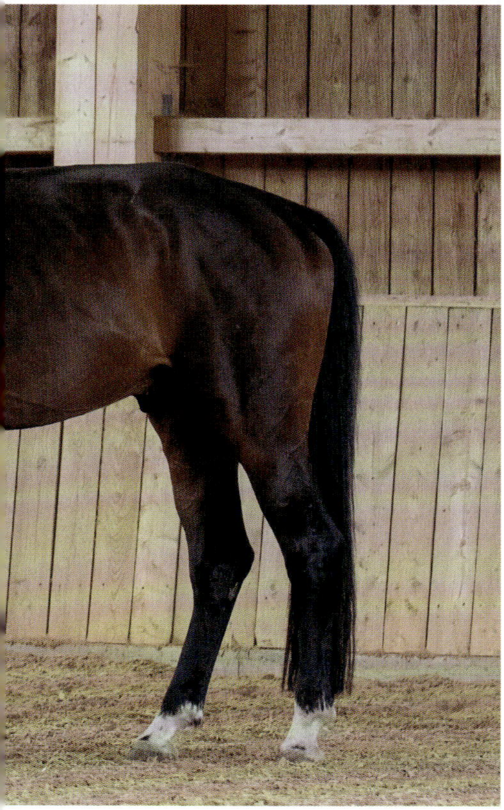

KS-BEISPIEL: ENERGISCH AUF DAS PFERD ZUGEHEN

Wenigen ist bewusst, wie viel ein Pferd wirklich aus dem Schritt und der Energie, die in diesem Gang liegt, wahrnimmt. Bei einem sensiblen Pferd zum Beispiel kann das der Grund sein, weshalb es sich ungern auf der Koppel einfangen und aufhalftern lässt und weggeht. Holt vielleicht ein anderer es von der Koppel, stellt das wiederum kein Problem dar. Das hat dann einzig mit der Präsenz und der Energie des Menschen zu tun. Wie fein und sensibel Pferde im Grunde ihrer Natur sind, zeigen uns Jungpferde oder Wildpferde, mit denen noch nie ein Mensch umgegangen ist. Sie reagieren rein instinktiv und ehrlich.
Reitpferde sind im Laufe der Zeit abgestumpfter und das meine ich ohne eine Wertung, oder sie sind böse oder apathisch gemacht worden, weil sie nicht verstanden werden. Oder sie verstehen nicht und reagieren über – das sind die sogenannten schwierigen Pferde.

LONGIEREN – ODER SO ETWAS IN DER ART

Longieren kann doch jeder, das ist doch leicht, denkst du jetzt vielleicht. Stimmt. Aber nur halbwegs. Was stimmt ist, dass es leicht ist, ein Pferd wegzutreiben, es in Gang zu bringen oder von sich wegzuscheuchen. Auch um sich rum.

GRUNDLAGEN

Es gibt grundsätzlich zwei Arten, Pferde um sich herum zu arbeiten. Einmal das klassische Longieren, wobei ich hierbei das wesentlich wertvollere Training darin sehe, das Pferd am Kappzaum korrekt gymnastizierend zu arbeiten, als es einfach im Kreis zu zentrifugieren. Es geht um den Aufbau einer stabilen Rumpfmuskulatur, um Beweglichkeit im Rippenbogen, um das Untertreten unter den eigenen Körperschwerpunkt und damit allgemein um die Herstellung von Balance und Tragkraft sowie Ausdauer. Ich möchte an dieser Stelle erst mal nicht auf die biomechanischen Aspekte oder auf die Trainingsphysiologie eingehen. Hier geht es um den rein technischen Ablauf und wie es grundsätzlich funktionieren soll. Sicher, man kann das Pferd auch mal locker im Kreis laufen lassen, um zum Beispiel angestaute Energie rauszulassen. Dafür nutze ich aber viel lieber das Freilaufenlassen im Roundpen oder in der Halle/auf dem Platz. So kann das Pferd seinen Körper benutzen und bewegen, wie es das braucht, ohne dass wir störend einwirken. Ja, ich weiß, das ist nicht überall erlaubt oder es ist nicht überall ein Roundpen vorhanden.
Die andere Art ist die klassische Seilarbeit. Dazu möchte ich jetzt ein paar grundlegende Übungen erklären. Diese Dinge müssen einfach, schnell und leicht jederzeit und überall abrufbar sein! Wenn sie es nicht sind, bitte, bitte, übt das, bis es reell gut klappt!

KS-APPELL

Vorab möchte ich anmerken: Wenn ich von „Können" rede, dann habe ich immer den höchstmöglichen Qualitätsanspruch. Es soll nicht einfach „nur gehen". Die Übungen sollen stattdessen in einer sehr guten Ausführung angewendet werden.

LOSSCHICKEN

In meinem Coaching-Alltag erlebe ich regelmäßig eine der häufigsten Kommunikationsmissverständnisse: das Rausschicken auf die Zirkellinie.
Problem: Der Mensch beginnt, sich auf das Pferd zuzubewegen und das brave Pferd bewegt sich auch brav weg. Aber meistens in die falsche Richtung, nämlich mit dem Kopf Richtung Mensch und mit der Hinter-

hand wegbewegend, da der Mensch auch auf die Hinterhand zugeht. Das eigentliche Ziel ist es aber, das Pferd nach vorn loszuschicken.
Das Pferd wird so dem Menschen immer erst mal nachlaufen, da es diese Geste in der Tat korrekt deutet. Der Mensch vermittelt dem Pferd: „Verschiebe die Hinterhand und folge mir mit deiner Nase", da es zusätzlich auch noch durch das Kopfstück mit dem Menschen verbunden ist. Der Mensch deutet es dann leider fälschlicherweise als ein freches Verhalten oder meint, dass das Pferd es mit Absicht macht, um der „Arbeit" zu entkommen. Das ist leider völliger Quatsch. Des Weiteren sieht es einfach unschön aus, wenn sich beide erst mal im Kreis drehen oder der Mensch verbal mit dem Pferd schimpft, bevor es dann irgendwann doch auf den Zirkel geht.

Fußspitze und Bauchnabel in Laufrichtung. Die Seilhand zeigt ebenfalls nach vorn und der Stick, die Gerte oder die Peitsche zeigen ab Schenkellage zum Pferd.

Bei der richtigen Reaktion des Pferdes laufe ich nach vorn mit und setze meine treibende Hilfe sofort aus, denn das Pferd soll, ohne ständig angetrieben zu werden, selbstständig laufen (lernen).

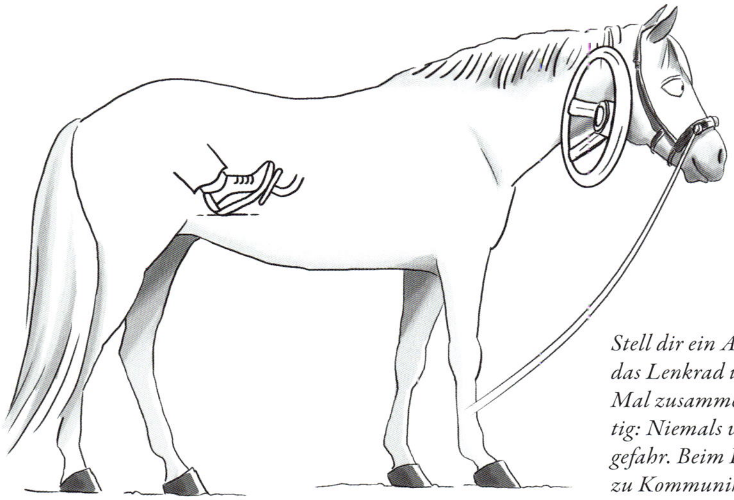

Stell dir ein Auto vor und wie du das Lenkrad und das Pedal benutzt. Mal zusammen, mal separat. Wichtig: Niemals verwechseln. Unfallgefahr. Beim Pferd kommt es „bloß" zu Kommunikationsproblemen.

KS-TIPP

Merke: Der Pferdekopf ist das Lenkrad, die Hinterhand das Gaspedal. Anders gesagt: Über den Pferdekopf lenkst du das Pferd, über die Hinterhand regulierst du das Tempo.

So ist es richtig: Bleibe, ja verharre regelrecht auf deinem Platz und schicke das Pferd von dir weg. Zuerst dirigierst du seine Nase, und damit seinen Kopf von dir weg. Ich nenne das: „Drehe das Lenkrad nach außen". Aber erst, wenn die Richtung eingestellt ist, kommt das Tempo dazu. Also erst nach dem Rausschicken legst du den Gang ein bzw. drückst aufs Gaspedal.

STOPPEN

In meiner Welt gibt es zwei Arten des Stoppens an der Longe oder am langen Arbeitsseil:

— Das Stoppen auf der Kreislinie und
— das Stoppen, bei dem sich das Pferd zum Menschen dreht/sich ihm zuwendet.

STOPPEN DURCH HINTERHAND-KONTROLLE

— Deine Stick-, Peitschen- oder Gertenhand, die immer in der entspannten 0-Position liegen sollte (die Spitze liegt/zeigt zum Boden), bewegt sich langsam unter dem Seil gerade nach vorn. Hier sollte jetzt schon die Antwort des Pferdes kommen, nämlich anhalten, ohne sich einzudrehen. Erfolgt das nicht, wird das Gertensignal verstärkt. Das heißt, die Gerte wird immer mehr zum Pferd platziert, und zwar vor die Stirnlinie und dabei leicht geschwungen, bis das Pferd steht. Am Anfang benötigst du natürlich einige Wiederholungen, bis es gelingt.
— Dazu kommt die Geste der klaren Körpersprache. Du wirst langsamer (*nicht* stehen bleiben) und dein Oberkörper geht langsam etwas zurück und bleibt in der Position, bis das Pferd steht. Dann stellst du dich wieder aufrecht hin.
— Nach und nach wirst du weniger mit der Gerte machen müssen, denn das Pferd antizipiert und erkennt durch bisherige Erfahrungen mit diesem Ablauf, dass das Signal/der Reiz aussetzt, sobald es lang-

samer wird bzw. stehen bleibt. Bald wird es sogar nur auf die Veränderung der Körperposition adäquat reagieren.

— Ich benutze gern ein Stimmlob. Denn eines ist sicher: Pferde wollen gefallen, und wenn sie wissen, was uns Freude macht, wie sie ihr Lob und unsere Aufmerksamkeit bekommen, bieten sie dieses Verhalten sehr gern an. Sprich: Sie machen es des Lobes wegen immer und immer wieder. So wird der Ablauf konditioniert.

STOPPEN DURCH REINDREHEN

— Man kann das Pferd auch zum Stehen bringen, indem man seine Hinterhand ausbremst bzw. nach außen weichen lässt. Diese Geste oder dieses Handwerkszeug ist ein sehr wichtiger Bestandteil der gemeinsamen Sprache zwischen Mensch und Pferd (genauso wie die Kontrolle der Vorhand, siehe Seite 59) und du brauchst sie erst recht, wenn du Freiarbeit mit deinem Pferd machen möchtest.

— Aus einer lockeren Vorwärtsbewegung wendest du dich deinem Pferd zu und schaust mit festem Blick auf die Hinterhand. Beuge dazu ein wenig deinen Oberkörper nach vorn. Wenn dein Pferd die Übung schon kennt, wird es die Hinterhand nach außen nehmen. Dadurch dreht sich die Vorhand zu dir nach innen und das Pferd bleibt stehen. Falls es zu dir kommen möchte, musst du natürlich einen kurzen, kleinen Impuls geben. Mit der Gerte gibst du ein Signal in Richtung Brust. Dein Oberkörper bzw. dein Körper sendet dabei eine „Blockenergie“, das heißt, du machst dich groß, spannst deinen Körper an und bewegst dich keinen Zentimeter weg von der Stelle.

— Am Anfang musst du diesen Ablauf natürlich separat üben. Dein Pferd wird nicht sofort seine Hinterhand bewegen. Das heißt, du musst anfangen, auf die

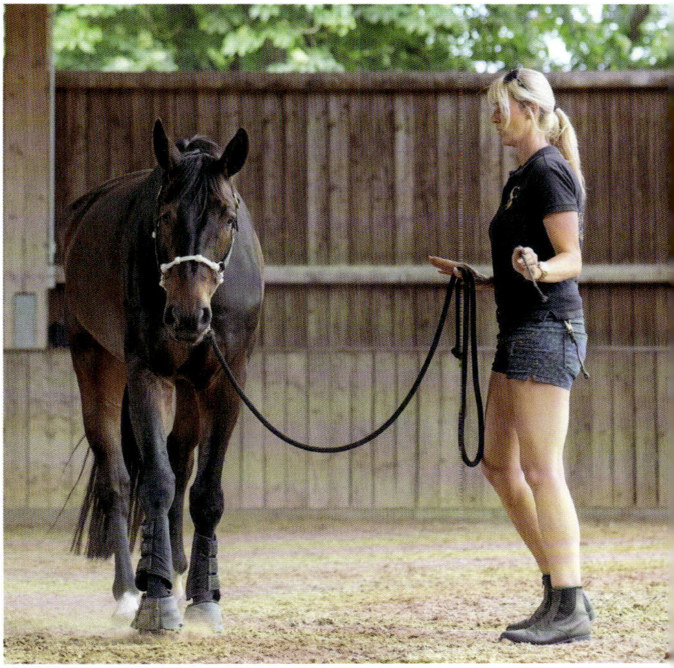

Vorbereitung auf das Stoppen.

Steht das Pferd, soll die Spannung herunterfahren.

Hinterhand zuzugehen, und zwar mit einer erhöhten, aber nicht bedrohlichen Körpergrundspannung, bis das Pferd die Hinterhand schneller bewegt, sie herausschwenkt und dich mit seinen großen Kulleraugen anschaut. Dann entspannst du dich sofort, bleibst stehen und gönnst deinem Pferd eine Pause.

DAS WENDEN AUF DER KREISLINIE

Es gibt diese Arten der Wendung:
— Über die Hinterhandkontrolle
— Über die Vorhandkontrolle
— Über einen Mix aus Beidem

WENDUNG MIT HINTERHAND-KONTROLLE

— Zum Wenden über die Hinterhandverschiebung erfolgt zu Beginn genau wie beim Stoppen beschrieben das Anhalten über die Hinterhand. Es kommt eine weitere Aktion hinzu. Als weiteres Signal wird die Hand mit der Gerte wie eine Schranke auf die Seite gehalten, in die das Pferd nicht mehr gehen soll. Dazu dreht sich dein Körper, angefangen von den Fußspitzen über den Bauchnabel bis zu den Schultern, in die neue Richtung. Die Seilhand zeigt ebenso in die neue Richtung.

— Wichtig ist auch, dass du in dem Moment stehen bleibst und damit eine Blockenergie sendest, in dem das Pferd dich anschaut und auf dich zukommen möchte. Denn nur wenn du stehen bleibst, kann das Pferd dich am einfachsten lesen. Viele machen hier den Fehler und gehen entweder zu lange rückwärts oder parallel vor dem Pferd in eine Richtung. So ist es dem Pferd kaum möglich zu erkennen, wohin du es schicken und bewegen möchtest.

— Für ein korrektes Wenden beziehungsweise für eine Weiterbewegung des Pferdes musst du eventuell anfänglich noch mit deiner ehemaligen „Schrankenhand" die Vorhand mit leichtem Energieeinsatz in die neue Richtung schicken. Wichtig ist hierbei dein Fokus auf den Pferdekopf. Sprich: „Benutze das Lenkrad" und versuche nicht, das Pferd von hinten anzutreiben. Nun bewegt sich das Pferd auf dem Zirkel in die entgegengesetzte Richtung weiter fort.

— Das Ganze ist dann natürlich in den verschiedenen Schritt-Tempi zu erarbeiten sowie in den Gangarten Trab und Galopp.

WENDUNG MIT VORHAND-KONTROLLE

- Eine weitere Variante, die in meinen Augen auch funktionieren sollte, ist das Wenden vorrangig über die Vorhand. Für diese Aktion gehst du in Laufrichtung etwa einen Meter vor dem Pferd bzw. vor seiner Stirnlinie. Wechsle dabei die Gerte oder den Stick unter dem Seil hindurch in die andere Hand. Dein Oberkörper bleibt aufrecht und dein Blick fokussiert das gesamte Pferd.
- Durch den Gertenwechsel wird das Pferd erkennen, dass eine Richtungsänderung gefragt wird, und es wird immer williger die Frage beantworten und nach einer Weile sofort in die neue Richtung abwenden.

Ich gehe auf die Hinterhand des Pferdes zu. Nicht am Strick ziehen, maximal gegenhalten, wenn das Pferd nach vorn weggehen möchte. Bitte so schnell wie möglich keine Spannung mehr auf den Strick geben.

KS-TIPP

Stell dir vor, du bist eine große deutsche Eiche und bewegst dich keinen Millimeter. Deine Wurzeln reichen tief in die Erde.

MISCH-WENDUNGEN

Natürlich können diese beiden Varianten kombiniert werden. Du schaust mit leicht vorgebeugtem Oberkörper auf die Hinterhand, während du den Gertenwechsel unter dem Strick vornimmst. Dein Pferd wird sich eindrehen, dich anschauen und du setzt wieder aufgerichtet mit „Blockenergie“ und Körperdrehung die Bewegung fort. Auch deine richtungsweisende Hand zeigt in die neue Richtung.

GANGARTENWECHSEL

Wie schön ist die Vorstellung, dass ich mein Pferd nicht um jeden Schritt anbetteln muss, es also ständig mit der Gerte oder Longierpeitsche daran erinnern muss, dass es weiterlaufen soll. Oft frage ich dazu meine Schüler, wie es Pferde schaffen, auf der Koppel von A nach B zu kommen, ohne dass jemand ständig hinterhertreibt? Natürlich ist das überspitzt dargestellt, aber letztendlich geht es darum, vom ständigen Treiben wegzukommen. Pferde werden von uns Menschen stumpf gemacht oder desensibilisiert. In diesem Falle auf treibende Hilfen. Übrigens ist es egal, ob vom Boden oder vom Sattel aus. Ich möchte mein Pferd gern

Das Pferd soll mein Treiben erkennen, akzeptieren und adäquat reagieren.

Hier sind Haltung und Tempo in Ordnung.

dahingehend ausbilden, dass es mein Treiben erkennt, akzeptiert und adäquat antwortet.
Hier ist es erneut wichtig zu verstehen, wie Pferde lernen und denken. Wenn du einen Dauerreiz setzt, d.h. jeden zweiten, dritten Schritt mit der Peitsche unterstützt, und das minutenlang, um dann mal wieder den Reiz auszusetzen, denkt das Pferd natürlich, es darf wieder langsamer werden. So konditionierst du es darauf, abzuwarten, bis die Hilfen wieder aussetzen. Du kannst es richtig machen. Du arbeitest wieder im Lernphasen-Prinzip.

- Mein Ziel ist es, dass das Pferd auf das kleinste Signal hin reagiert, also auf die Phase 1, welche mit meiner aufgerichteten Körperhaltung beginnt. Meine Seilhand hebe ich etwas an und weise damit nach vorn. Und eventuell folgt noch ein leichtes Anheben der Gerten- oder Peitschenspitze. Grober Fehler wäre hier: Der Mensch weiß schon, dass sein Pferd nur antrabt, angaloppiert oder überhaupt in den Schritt geht, wenn die Peitsche ganz heftig wedelt. In diesem Falle liegt übrigens schon ein grober Ausbildungsfehler des Menschen vor.
- Bei einer ausbleibenden, adäquaten Antwort des Pferdes gehe ich in Phase 2

KS-TIPP

Die Arbeit am Seil ist auch die Vorbereitung für die Freiarbeit. Denn es geht hier um Konditionierung deiner Bewegungsabläufe sowie die des Pferdes. Da unsere Pferde Körpersprache-Spezialisten sind, werden sie immer feiner und schneller reagieren. Sie lernen durch Routine, was du von ihnen möchtest.

über. Die Gerten- oder Longierpeitschenspitze wird weiter nach oben gehoben und wedelt. Folgt darauf eine Antwort des Pferdes, wird die Peitsche sofort heruntergenommen, meine Körperspannung bleibt aber erhalten.

— Erfolgt auf Phase 2 keine Antwort, nehme ich folglich die Phase 3 hinzu. Dazu schwinge ich das Gertenende stärker im Raum Richtung Motor, also in Richtung Hinterhand.

— Wenn jedoch auch hier keine adäquate Antwort des Pferdes kommt, werde ich in Phase 4 übergehen. Ich lasse die Peitsche oder die Gerte mehrfach hinter dem Pferd auf dem Boden klatschen, bis es in die nächste Gangart wechselt oder eben schneller innerhalb der Gangart wird. Ich mache es diesmal jedoch länger als nur für den Moment, bis das Pferd reagiert hat. Ich klopfe mit der Gerte mehrfach auf dem Boden, bis das Pferd eine leicht gestresste Körpersprache zeigt: Schweif schlagen, Ohren anlegen und schneller laufen. Erst jetzt habe ich das Pferd in einen gewissen Stresslevel gebracht und es fragt sich natürlich, warum. Über Wiederholungen wird es nun ganz leicht lernen: Ab jetzt wird die Peitsche gehoben, und sobald das Pferd reagiert, folgt ein Aussetzen der Peitschenhilfe und es wird stimmlich gelobt. Jedes Mal, wenn keine adäquate Reaktion vom Pferd kommt, setze ich das Pferd durch Phase 4 in leichten Stress.

01

02

01 Durch eine fokussierte Körperhaltung kann das Pferd unseren Wunsch erkennen.

02 Es kann die entsprechende Energie umsetzten.

03 Konzentration und Klarheit sind hier gefragt. Ich möchte ich die Hinterhandkontrolle einleiten.

- Du wirst merken, dass das Pferd immer wacher und aufmerksamer wird und deine Fragen besser und korrekt beantwortet.
- Damit wir uns nicht falsch verstehen: Ich werde dabei das Pferd mit der Gerte oder Peitsche nicht schlagen, es geht um psychischen Druck.

SPIELERISCH LEICHT

Das Ziel unserer Ausbildung und somit das große Ziel im Umgang mit unserem Pferd soll ein leichtes und spielerisches Miteinander sein. Um dahin zu gelangen, muss man aber pferdisch sprechen. Es geht hier um relativ einfache Frage-Antwort-Spiele, um Bewegungsspiele.

Wenn Phase 1 ansteht oder später auch nur die leise verbal gestellte Aufforderung: „Trab bitte an" lautet, dann sollte das Pferd tun, was ich möchte, oder? Monate- oder jahrelang ein Pferd mittels Dauertreiben irgendwie in Gang zu bringen und am Ende dabei selbst klitschnass geschwitzt zu sein, hat nichts mit Leichtigkeit oder nettem Umgang zu tun. Phase 1 kann man auch vergleichen mit einem Pferd, das ein rangniedrigeres Pferd wegschickt. Das Ausweichen kennt das Pferd aus der Herde, es muss nur verstehen, dass du mit deinen menschlichen Mitteln ebenfalls das Weichen erreichen möchtest.

KS-TIPP

Zwei wichtige Merksätze lauten: Es gibt keine stumpfen Pferde. Sie sind vom Menschen stumpf gemacht.
Pferde müssen und dürfen Fehler machen, sonst können wir ihnen nicht erklären, was wir eigentlich von ihnen möchten.

03

KÖRPERSPRACHE

Zu der Raumarbeit oder dem Raummanagement kommt dann die Körpersprache als Kommunikationskanal dazu. Ein Bereich der Körpersprache dient unter anderem dem Ausdruck und der Unterstützung des Raumforderns und Raumgebens.

WAS GEHÖRT ZUR KÖRPERSPRACHE?

In der Pferdesprache gibt es viele SIGNALE, die Pferde verwenden, um miteinander zu kommunizieren. Diese sind meist nonverbal und umfassen Körpersprache, Mimik und Gestik. Auch die Atmung und verschiedene Stufen der Körperhaltung durch Muskelanspannung und -entspannung im Körper oder bestimmten Körperteilen gehören dazu. Pferdische Mimik zeigt sich z. B. in Stellung und Spiel der Ohren, Form und Spannung der Nüstern, der Augenbewegung und der Haut drumherum, An- und Entspannung der Maulpartie.
Zur Gestik gehören unter anderem Haltung und Bewegungen der Kopf-Hals-Partie, Ausrichtung und Bewegung der Vorderbeine oder der Hinterhand, auch Bewegungen oder Haltung des Schweifs. Ich werde auf diese speziellen einzelnen Zeichen der Körpersprache der Pferde im Allgemeinen hier nicht weiter drauf eingehen, denn dazu gibt es schon sehr schöne Fachbücher und Lektüren.
Zum anderen ist mir wichtig, die Dinge zu betonen, die für euch im täglichen Training und Umgang sehr relevant sind. Wir sind nun mal keine Pferde und haben andere Körper. Die feinen Pferdezeichen können wir nicht wie sie ausführen. Dafür nenne ich

01

01 Blicke sagen mehr als tausend Worte. Wie wahr!

02 Pferde haben in Bewegung einfach einen so tollen Ausdruck. Ich steh ja auch auf viel Mähne und Schweif.

02

hier nur ein paar Aspekte und gebe eben mehr Raum fürs Raummanagement und unsere Körperbewegungen.
Auch hier ist es enorm wichtig, die Körpersprache des Pferdes richtig lesen zu können, weil Pferde diese mit uns Menschen genauso einsetzen wie mit ihren Artgenossen. Interpretiert der Mensch ihre Bewegungen falsch, kann es zu fatalen Missverständnissen, manchmal sogar mit lebensbedrohlichen Auswirkungen kommen.
Zum anderen sollten wir auch unseren Körper für die pferdische Kommunikation einsetzen können.

Der Schein trügt manchmal. Pferde nehmen IMMER alles und jeden wahr. Wichtig ist, dass der Mensch das auch tut. Vor allem bei der Ausbildung junger Pferde.

WAS BEDEUTEN SIGNALE?

Wir wollen in der Kommunikation mit dem Pferd die richtigen Signale verwenden. Signale sind die Reize in der Interaktion, die Reaktionen bei Pferden auslösen.
Das heißt, ein Signal funktioniert nur als solches, wenn das Pferd versteht, dass der besagte Reiz eine Botschaft vermitteln soll. Sonst wird es nicht reagieren, also die Botschaft mit einem Verhalten beantworten. Dieser Aspekt, dass ein Reiz oder Verhalten überhaupt als beabsichtigte Botschaft wahrgenommen werden muss, um als Signal zu wirken, ist immens wichtig. Denn es gibt auch Reize ohne kommunikative Bedeutung, z. B. kann für Menschen ein rotes Licht einfach ein rotes Licht sein, doch im Kontext einer Ampel verstehen wir es als

Signal für „Anhalten“, eben weil wir wissen, dass bei Verkehrszeichen mit Absicht eine Bedeutung transportiert wird. Oder wenn jemand niest, können wir zwar daraus ablesen, dass seine Nase kitzelt oder er erkältet ist, aber wir verstehen, dass das Geräusch nicht mit der Absicht erzeugt wurde, uns etwas mitzuteilen oder dass eine bestimmte Reaktion von uns erwartet wird. Dagegen kann ein ermahnendes Hüsteln mit Blickkontakt durchaus Signalwirkung haben und z. B. den Empfänger dazu bringen, unerwünschtes Verhalten zu unterbinden. Sie kann aber auch ausbleiben, wenn der Empfänger die subtile Botschaft nicht erkennt und annimmt, der andere huste „nur so“. Signale müssen eben als solche erkannt werden, um eine gewünschte Reaktion zu erzeugen. Und so manche Missverständnisse zwischen Mensch und Pferd liegen nicht primär darin, dass ein Signal „falsch gedeutet“ wird, sondern darin, überhaupt zu erkennen, was ein bedeutsames Signal ist, auf das man reagieren sollte.

BEISPIEL FÜR OHRENBEWEGUNGEN UND -AUSRICHTUNGEN

Pferde können ihre Ohren unabhängig voneinander bewegen. Dadurch ist es ihnen möglich, sich praktisch sowohl auf den Reiter als auch auf die Umwelt zu fokussieren. Dies ist dann manchmal auch ein Grund dafür, dass sie unsicher sind, auf welchen Reiz sie nun eigentlich reagieren sollen. Sind die Ohren zum Beispiel beim Reiten nach hinten gerichtet, zeigt das Pferd damit, dass es sich auf den Reiter konzentriert. Legt es seine Ohren eng an, könnte dies Stress, Angst oder Aggression anzeigen. Sind die Ohren des Pferdes zur Seite geneigt, ist dies ein Zeichen dafür, dass es entspannt oder sogar gelangweilt ist.

Die Ohren sind immer zum Reiter gerichtet. Die Stute ist sich noch nicht ganz sicher, ob hier wirklich alles in Ordnung ist.

SINNVOLL ODER UNSINNIG?

Es gab vor Jahren mal einen Trainer, der eine „neue Trainingsmethode" entwickelt hatte. Der Trainer setzte sich lange Hasenohren auf, die steuerbar waren. Er wollte damit das Ohrenspiel der Pferde imitieren und so mit den Pferden kommunizieren. Diese Methode erwies sich allerdings als recht erfolglos und wurde nicht weiterverbreitet oder angewendet. Denn eines ist klar: Pferde sind nicht doof. Sie wissen, dass ein Mensch kein Pferd ist. Deshalb sind solche Ansätze mehr als fragwürdig, denn sie stellen die Intelligenz der Pferde infrage.

Merksatz 1: Ein Mensch kann kein Herdenführer, kein Herdenmitglied oder auch kein Artgenosse sein. Pferde sind sich dessen bewusst, dass wir Menschen sind, dass wir Raubtiere sind. Aufgrund ihrer unglaublichen Anpassungsfähigkeit können sie lernen, mit uns zu leben, unsere Sprache zu deuten und adäquat zu reagieren. An dieser Stelle kommt also mein großer Wunsch und mein Appell an jeden einzelnen Pferdemenschen:

Merksatz 2: „Wir müssen den Pferden helfen, uns zu verstehen, und es ihnen dabei so einfach wie möglich machen."

AUGENKONTAKT VOM MENSCHEN

Es gibt das schöne Sprichwort: „Ein Blick sagt mehr als tausend Worte." Das stimmt in der Pferdewelt nur im Ansatz und in ganz bestimmten Situationen. Wir hatten ja schon erwähnt, wie ein Pferd zum Beispiel mit einem scharf auf eine Körperregion gerichteten Blick ein Herdenmitglied weichen lassen oder fortbewegen kann.
Zum anderen richten sich freundlich gesinnte Pferde häufig mit ihren Körpern parallel aus, um friedlich zu grasen, zu dösen, oder auch bei der Fellpflege, anstatt sich „von Angesicht zu Angesicht" zu platzieren.
Bei manchen Menschen gilt daher häufig noch der Irrglaube und Leitsatz, dass man einem Pferd nicht in die Augen schauen sollte, da es sich dadurch bedroht fühle.

Direkter Blickkontakt ist gut. Entscheidend ist vor allem unsere Körperenergie, mit der wir auf das Pferd zugehen.

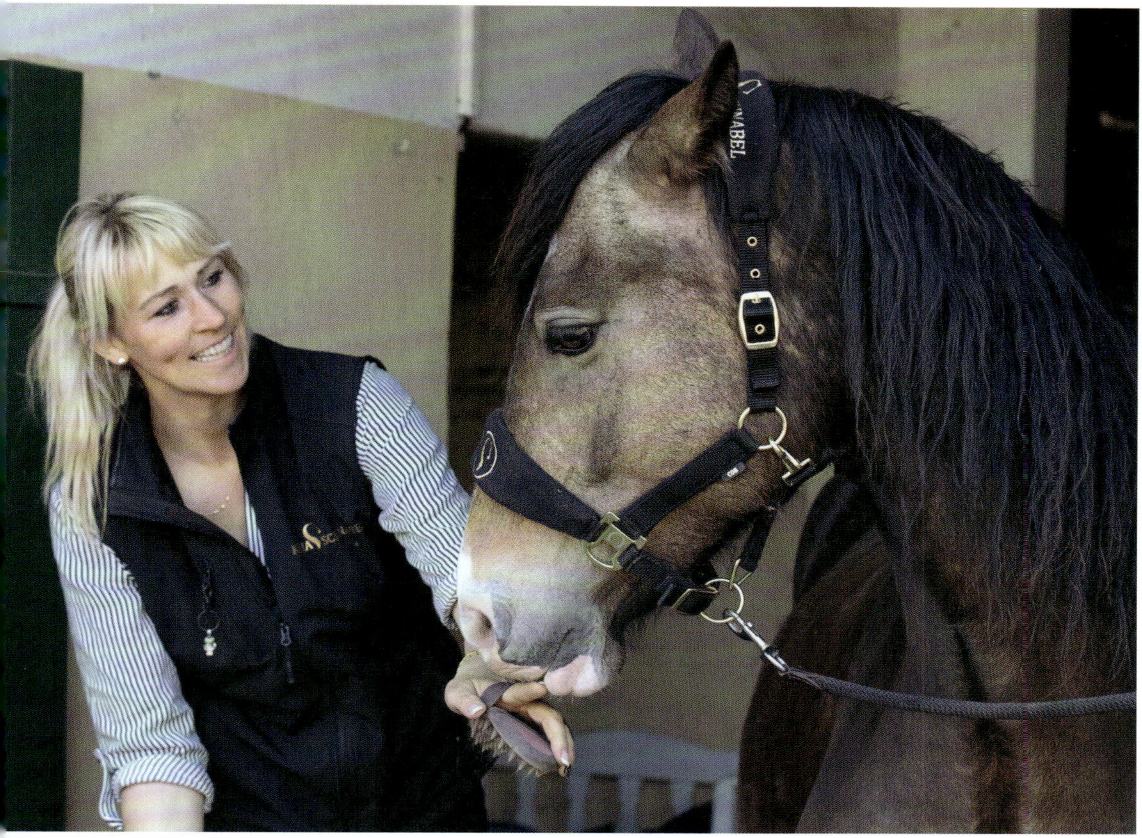

Ein Lächeln wirkt entspannend auf den Muskeltonus des gesamten Körpers. Auch das liest das Pferd.

Nach dem Motto: Der Mensch ist ein Raubtier und könnte gleich angreifen.
Diese Idee begegnet mir in meiner Coaching-Tätigkeit des Öfteren. Der Mensch schaut während der Arbeit mit seinem Pferd bewusst weg. Dies ist wirklich sehr übertrieben, wirkt auf das Pferd eher unnatürlich und kann es sogar verunsichern. Denn wenn du es von der Weide holst, es streichelst oder fütterst, schaust du es ja auch an. Warum also nicht, wenn du mit ihm arbeitest?
Es geht letztendlich, wie nun mehrfach beschrieben, um die Art der Körperspannung, der Geschwindigkeit und der Energie bei der Arbeit und im Grundumgang mit dem Pferd. Sie müssen angemessen sein, können aber raubtierähnlich bedrohlich wirken und das Pferd zum Weggehen und Weichen bewegen.

Merksatz: Gezielte Pferdekommunikation bedeutet, sich die Körpersprache der Pferde in bestimmten Situationen zunutze zu machen.
Pferde verstehen Handlungen und Körpersprache stets als Sofortreaktionen im Hier und Jetzt. Sie „verschleppen" keine Zusammenhänge in andere Situationen oder nehmen gar Emotionen mit in nächste Handlungen.

KS-TIPP

Pferde sind nicht manipulativ. Sie können gedanklich keine Szenarien kreieren und sie sind nicht nachtragend. Pferde leben im Hier und Jetzt.

AKUSTIK

An letzter Stelle kommen für Pferde Töne und Geräusche als akustische Kommunikationssignale. Beispiele wären etwa Blubbern, Wiehern oder Quietschen, die in verschiedenen Kontexten bestimmte kommunikative Funktionen erfüllen.

Da Pferde gut hören, Laute und Tonfall bestens wahrnehmen können, funktioniert es auch gut, akustische Signale zur Verstärkung der Körpersprache zu verwenden. Das sollte aber nicht übertrieben werden. Die größten Missverständnisse zwischen Menschen und Pferden entstehen nämlich daraus, dass wir als Menschen die verbale Kommunikation an erste Stelle stellen und ebenso darauf geeicht sind, mit Worten zu kommunizieren, dass wir oftmals kein Gespür für den Einsatz unserer Körpersprache haben. Wir reden auf unser Pferd ein und hoffen, dass es uns versteht und erhört, während das Pferd ganz natürlich zuerst unsere Körpersprache als Orientierung liest, eben wie bei Artgenossen.

Es versteht die Worte nicht und wird im Zweifelsfall eher der Körpersprache glauben. Natürlich können wir unser Pferd auf bestimmte Worte konditionieren. Meist funktioniert dies jedoch durch die Kombination einer bestimmten Körpersprache oder -haltung, und einem bestimmten Energielevel, das mit dieser und dem Tonfall transportiert wird. Schließlich reagiert das Pferd also auf eine Kombination aus Körperhaltung, Tonfall und Energie. Wenn Pferde gelernt haben, auf einige Wörter zu „hören" und adäquat für UNS zu reagieren, haben wir sie darauf konditioniert.

In meinem Unterricht halte ich die Menschen immer wieder dazu an, sich selbst zu beobachten, wie viel man wirklich mit der Stimme seinen Umgang mit dem Pferd managt. Als Hilfestellung für diese Reflexion „verbiete" ich in den Einheiten mal ganz frech das Reden und Schnalzen. Die Teilnehmer sind dann doch sehr erstaunt und überrascht, wie oft sie sich auf die Zunge beißen müssen, damit sie nicht wieder etwas sagen. Es ist immer wieder ein großer Aha-Effekt. Nicht dass du jetzt denkst, ich sei ein Gegner der Ansprache, verbalen

Pferde scannen ständig ihre Umwelt. Sei auch du genauso wachsam. Das kann Überraschungen vorbeugen.

Kommandos und Schnalzen. Das bin ich absolut nicht. Es sollte aber nur gezielt und bewusst konditioniert eingesetzt werden. Dann wirkt es nämlich auch. Langfristig und nachhaltig.

KS-TIPP
„Einfach mal den Schnabel halten."

PFERDISCH LERNEN

Wollen wir unsere Pferde verstehen und wollen wir, dass diese uns verstehen, bleibt uns keine andere Wahl, als pferdisch zu lernen. Und eigentlich ist dies auch nicht schwer. Wir müssen uns selbst reflektieren und beobachten, denn es gibt keinen besseren Spiegel dafür als unser Pferd. Ganz nebenbei sind sie so unsere Lehrmeister, was auch in der Selbstwahrnehmung und im sozialen Umfeld sehr hilfreich sein kann und einen positiven Effekt von pferdegestütztem Coaching und Therapien darstellt. Denn wie schon erwähnt – wir kommunizieren auch immer mit unseren Artgenossen – es gibt keine Nichtkommunikation.
Und auch zwischen Menschen funktioniert die Kommunikation und das gegenseitige Verständnis und die Sympathie besser, wenn z. B. unsere Worte, unser Tonfall und unsere Körperhaltung und -sprache klar und kohärent sind, anstatt widersprüchliche Signale zu senden. So viel zur schönen Theorie. Was bedeutet das jetzt aber in Bezug auf unseren Umgang und auf unser Training? Und wie kann und sollte man das umsetzen?

UNKLARE SIGNALE VERMEIDEN

Wir können für die gezielte Kommunikation mit dem Pferd bewusst eingesetzte Körpersprache oder Bewegungen als Signale nutzen (siehe Kasten Seite 74). Ganz natürlich lesen sie uns allerdings erst mal so, als hätten alle unsere Körperausrichtungen und Bewegungen eine Kommunikationsabsicht – weil das im pferdischen oder auch herdischen Umgang gilt. Pferde kommunizieren untereinander mit einer Unzahl feiner körpersprachlicher Signale und organisieren ständig ihre Distanzen und Bewegungen.
Also reagieren sie auch auf alle möglichen unbewussten und unbeabsichtigten Signale, die wir senden, was beide Seiten überfordern kann.

01

02

Wie eingangs erwähnt, kehrt sich das nach einiger Zeit dann oft ins Gegenteil. Will heißen: Pferde stumpfen für unsere Signale ab, weil sie merken, wie selten wir mit den feinen Änderungen unserer Körper wirklich kommunizieren oder wie inkonsequent und unklar wir in den Bedeutungen unserer Bewegungen sind.
Infolge dessen gehört zum Lernen und Einüben der kommunikativen Körpersprache oft dazu, unsere Pferde wieder für unsere bewusst gesetzten Signale zu sensibilisieren.

Zusätzlich sollten wir uns unserer unbewusst gesendeten Signale bewusst werden, um durch Übung einen wirklich klaren Einsatz unserer Körpersprache für die pferdegerechte Kommunikation zu ermöglichen.
Für eine gute Kommunikation mit unseren Pferden müssen wir auf der anderen Seite natürlich die Signale erkennen, die das Pferd sendet, diese richtig deuten und damit umgehen, das heißt, sie beantworten. Nur so kommt es zu einem Dialog und echter Verständigung.

03

01 Die Sympathie zwischen Pferdebesitzer und Trainer muss stimmen.

02 Pferdetraining beginnt mit Menschentraining.

03 Hier erkläre ich die vertikale Biegung mit der direkten Zügelhilfe.

01

02

03

Oftmals versteht jedoch der Mensch die Signale des Pferdes nicht, weil das Wissen, das Interesse oder die Sensibilität fehlt. Meist passiert es, wie erwähnt, dass die Äußerungen und Anfragen des Pferdes erst gar nicht als Signal erkannt werden und die Botschaften quasi untergehen. Die Folge ist, dass viele Pferde aufgeben zu kommunizieren, da ihnen niemals zugehört wird. Wenn man als Mensch jedoch bereit ist, dazuzulernen und a) besser selbst pferdisch zu sprechen und klar zu kommunizieren und b) auf die Zeichen oder Fragen des Pferdes einzugehen, wird es sich schrittweise wieder mehr äußern und mitteilen.

KS-COACHING THEMA SIGNALE

Beispiele für Signale, die wir bewusst mit dem Pferd einsetzen können:

- → Schu terdrehungen
- → Schu tern heben und senken
- → Hänce heben und senken
- → Beine vor- und zurücksetzten
- → Gerte anheben und senken
- → Seil wirbeln oder ruhig halten
- → Akustische Signale

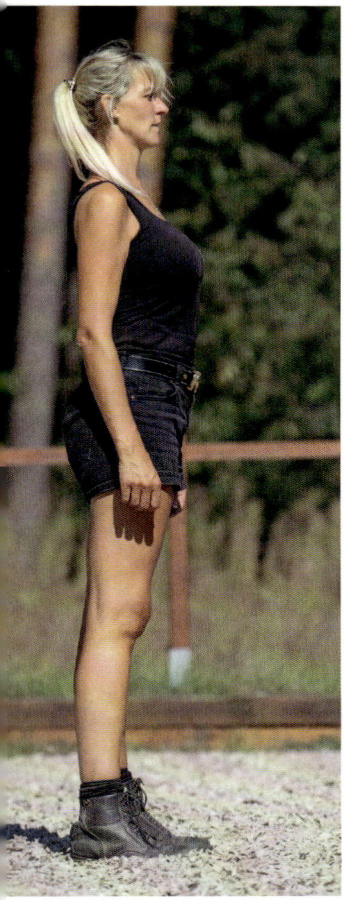

01 Keine Körperspannung, keine Aussagekraft. Das bringt Schwierigkeiten für das Lesen der Signale.

02 Auch ein Block oder ein Stopp wird so kaum wahr- oder ernstgenommen.

03 Aufrechter Gang und Spannung, die durch den ganzen Körper läuft, bringt Präsenz und Sicherheit mit sich.

04 Blockenergie mit erhobenem Kopf, gerafften Schultern und sogar einem Schritt auf das Pferd zugehend.

04

DIE ARBEIT IM ROUNDPEN

Auch über das Training im Roundpen kann sich die Kommunikation zwischen Mensch und Pferd schön verbessern. Hier gibt es von verschiedensten Trainern viele weitverbreitete Ansätze und Methoden. Alle Pferdemenschen kennen das Join Up von Monty Roberts, um an dieser Stelle das wohl bekannteste Training zu nennen. Bei dieser Methode wird darauf hingearbeitet, dass das Pferd über Bewegung im Raum – wir sprachen bereits ausgiebig über Raummanagement und Bewegung, Entspannungs-, oder sagen wir mal provokant, Unterwürfigkeitssignale sendet und der Mensch wiederum darauf eingeht.
Der Mensch erarbeitet sich so die Aufmerksamkeit und die Bereitschaft zum Mitmachen des Pferdes. Wenn das Pferd in dieser mentalen Stimmung ist, können wir besser mit ihm arbeiten.
Hier ist aber noch so viel mehr möglich. Wir können auf dieser Basis in einem räumlich begrenzten Bereich wie dem Roundpen

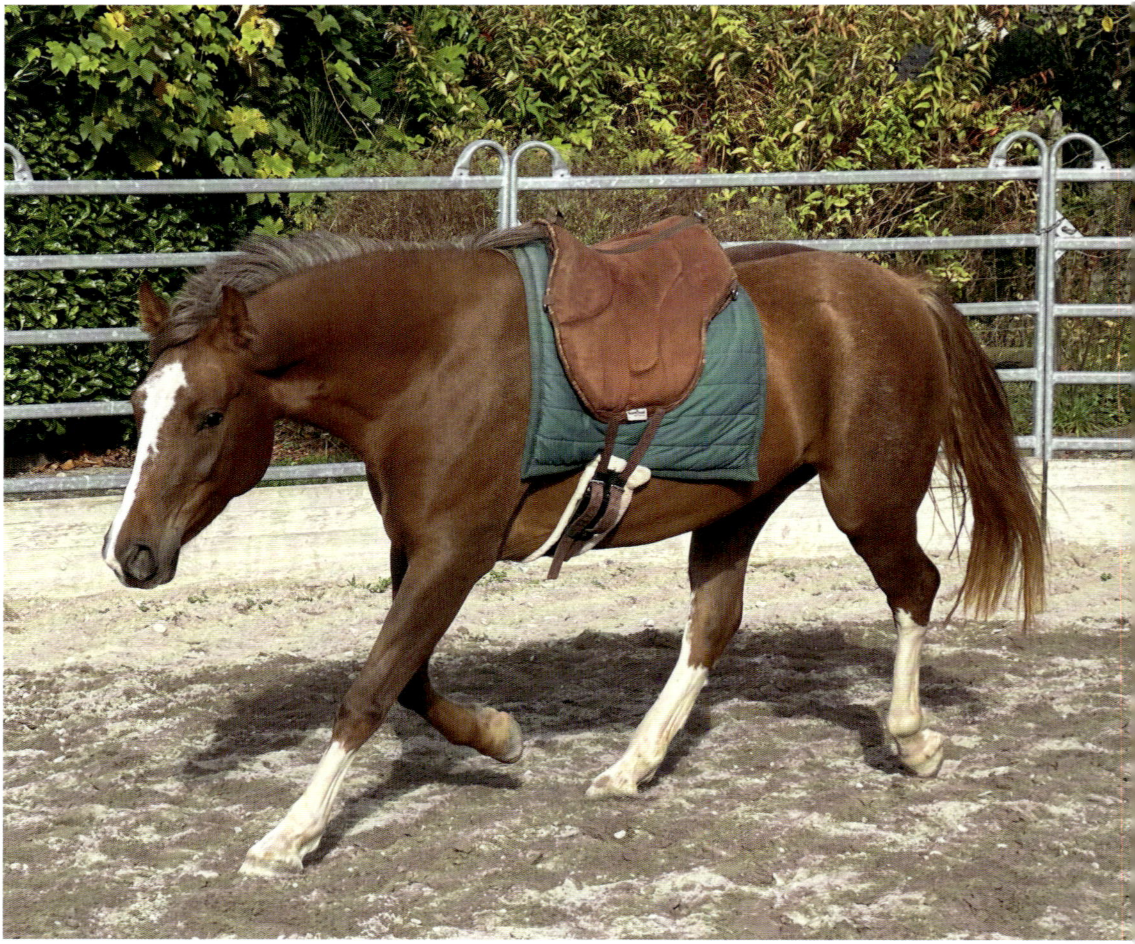

01

die Aufmerksamkeit des Pferdes erarbeiten, in Kommunikation treten und eine gemeinsame Sprache entwickeln, die auf Körpersprache basiert. So können wir lernen, das Tempo und die Richtung zu bestimmen, das Pferd zu wenden, und es auch wieder zu uns einladen und einen sogenannten Rückruf konditionieren.
Die Arbeit im Roundpen bietet also auch eine Möglichkeit für die Basisarbeit, um später dann auch Freiarbeit auf einem großen Reitplatz, in einer großen Halle oder auf der freien grünen Wiese zu machen.

02

01 Die schöne, sehr energetische und schlaue Freibergerstute.

02 Besitzerin und Stute bilden nach dem Kommunikationstraining im Roundpen eine Einheit.

KS-STORY: FREIBERGERSTUTE

Es ist immer wieder schön zu erleben, wie in meinen Camps oder Kursen Pferd und Mensch zusammenwachsen können, wenn die Arbeit im Roundpen dazukommt.
Erst kürzlich traf ich in einem meiner Wochenendkurse auf eine Reiterin mit einer jungen Freibergerstute.
Die Besitzerin hatte mit ihrer Stute bereits viel Gelassenheitstraining gemacht, sie waren spazieren gegangen, und sie saß auch schon ein paar Mal oben auf dem Rücken des Pferdes.
Die Stute zeigte sich als sehr energiereich, temperamentvoll und ausdrucksstark. Sie war Menschen und vor allem natürlich ihrer Besitzerin sehr zugewandt und arbeitete gerne mit. So gab es in ihrer bisherigen gemeinsamen Zeit keine Probleme.
Was mir aber sofort auffiel war, dass die Besitzerin und die Stute unruhig wirkten. Die Stute war immer in Bewegung, entweder mit ihrem Kopf oder mit ihren Beinen. Es war sehr schwer, die Aufmerksamkeit des Pferdes zu bekommen.
In der ersten Einheit waren wir in der Halle. Dort konnte ich die beiden gut beobachten. Die Stute war brav und machte relativ gut mit. Die Besitzerin war zufrieden, denn es war ja wie immer und ihre Erwartungshaltung gegenüber dem Pferd war die bisher gewohnte.
Nach der ersten Einheit besprachen wir meine Beobachtungen. Ich machte den Vorschlag, dass wir in der zweiten Einheit am Nachmittag in den Roundpen gehen könnten, um an der Klarheit und Feinheit ihrer Kommunikation zu arbeiten.
Dort machten wir klassische Basisübungen. Die Besitzerin lernte, ihre Präsenz zu schulen und die Aufmerksamkeit der Stute zu bekommen. Das half dann, Richtung und Tempo immer exakter zu kontrollieren, ihr Pferd wegzuschicken, einzuladen und Wendungen klar einzuleiten.

KS-TIPP

Wenn wenig Präsenz vorhanden ist, wird viel Druck nötig. Als Ergebnis reagiert das Pferd wenig und stumpft ab. Ist viel Präsenz vorhanden, wird umso weniger Druck nötig und das Pferd reagiert besser und bleibt fein.

Auch am zweiten Tag fanden wir uns im Roundpen wieder, denn hier fand ja schon am Tag zuvor eine tolle Entwicklung statt. Die Besitzerin hatte einfach so viel Spaß, intensiver und feiner mit ihrer Stute in Kontakt zu kommen und in Kommunikation zu treten. Es ist auch für mich immer wieder unglaublich und schön zu erleben, wie dieser umgrenzte Raum neue Möglichkeiten eröffnet.
Auch eine Reiteinheit absolvierten wir im Roundpen. Die Stute war gut auf uns konzentriert und mit vollem Eifer dabei. So konnten wir in dieser Reiteinheit ein paar kommunikative Grundlagen legen, die bei einem Jungpferd wichtig sind. Vor allem, wenn man es mit dem Horsemanship-Gedanken ausbilden möchte – und nicht nach dem oft üblichen Prinzip, bei dem am Anfang einfach nur geradeaus oder links- und rechtsherum geritten wird.

PRÄSENZ UND EFFEKTIVITÄT

Die Effektivität unserer Kommunikation im Pferdeumgang wird entscheidend von der Qualität unserer Präsenz bestimmt. Je stärker unsere Präsenz ist, umso leichter, besser und direkter erhalten wir die gewünschte Reaktion vom Pferd.

Um die nötige Souveränität in der Ausstrahlung und Einwirkung auf das Pferd zu entwickeln, braucht es neben dem Lesen von Büchern, dem Besuch von Kursen, Live-Sessions und anderen Weiterbildungen einfach den echten Umgang mit Pferden im Hier und Jetzt. Wobei Coachings und 1 : 1-Unterricht nach meiner Erfahrung die besten Fortschritte erzielen, weil eben direkt Interaktionen kommentiert, erklärt und korrigiert werden können, was der eigenen Selbstwahrnehmung sonst oft unbewusst oder verborgen bleibt.

KS-BEISPIEL: ICH KOMME NICHT WEITER

Wer hat sich nicht schon gedacht: „Aber ich mach doch *(Signal XY)*! Warum reagiert das Pferd nicht mit der ‚richtigen' Antwort?" Erst ein guter Coach/Lehrer mit geschultem Auge kann erklären, dass man gar kein richtiges Signal *(Signal A)* gibt oder dass man gleichzeitig zu seinem Signal *(Signal A)* unbewusst ein anderes *(Signal B)* ergänzt, was für das Pferd in dem Moment eben Signal C bedeutet *(pferdelogische Reaktion auf tatsächlich gegebene Signale)* und es daher ‚angemessen' reagiert." Ein Trainer oder Coach kann den richtigen Anstoß geben, diese Feinheiten zu spüren und zu üben.

Bei solch einem Kaltblutkaliber wird klar, wie viel man ohne Krafteinsatz machen sollte. Denn sobald das Pferd merkt, dass der Mensch dahingehend unterlegen ist, beginnen die Probleme.

☞ TIMING, PAUSEN – UND ALL DIE ANDEREN WICHTIGEN DINGE

Für den täglichen Umgang und das Training mit dem Pferd, und damit das gewünschte Vertrauen und die Qualität einer Beziehung entsteht, ist eine für das Pferd verständliche Kommunikation unerlässlich. Von besonderer Bedeutung ist dabei die Kommunikation oder der Dialog.

- → **Anfrage** Der Mensch stellt eine Anfrage oder Aufforderung an das Pferd, welches dies als Druck empfindet und zu lesen versucht, wobei es ein Verhalten als Antwort anbietet, bis es eine Bestätigung bekommt, dass die Anfrage erfüllt ist. Dieses Schema ist auch die Grundlage dafür, wie man einem Pferd „etwas erklärt" – in seiner Sprache.
- → **Bestätigung** Am wichtigsten ist, dass für Pferde die beste Bestätigung das Wegnehmen von Druck ist. Pferde lernen NICHT, weil wir Druck machen, sondern weil wir Druck wegnehmen.
- → **Druck** Pferde reagieren auf ein Verhalten des Gegenübers so lange, bis der Druck weggeht oder nachlässt. Sie können nur filtern, was wir Menschen möchten, wenn wir gut mit unserer Energie und dem daraus entstehenden Druck spielen können.
- → **Timing** Timing ist des Pferdes Stärke und des Menschen Schwäche. Pferde stellen ständig Fragen (z. B. „Darf ich reinkommen, wenn ich keine Lust mehr habe, im Kreis zu laufen?") oder Rückfragen auf unsere Anfragen („Meinst du damit, ich soll die Hinterhand wegdrehen und dich anschauen? Mmh, du hörst noch nicht auf, soll ich etwa noch weiter auf dich zugehen?"). Wir nehmen all diese Fragen zu wenig bis gar nicht wahr. Wir sind zu unaufmerksam und zu langsam. Viel zu langsam.
- → **Coaching** Auch am Timing kann man am besten im 1 : 1-Coaching arbeiten, und in meinen Kursen und Camps geht es immer wieder um die Nutzung und um das harmonische, aussagekräftige Zusammenspiel der Körpersprachendetails. Im Hier und Jetzt kann so das Timing über mein unmittelbares Feedback verbessert werden, wie wir es nie über Videos oder mithilfe von Büchern schaffen. Denn es geht dabei um hochpräsentes Fühlen, Beobachten, Reagieren und Agieren.
- → **Probleme** Am häufigsten treten Timing-Probleme auf, weil wir Menschen vom Drumherum abgelenkt oder mit uns selbst beschäftigt und nicht mit der vollen Aufmerksamkeit beim Pferd sind. Ungeübte oder Nicht-Profis müssen auch oft so sehr über das nachdenken, was sie gerade tun und was sie gleich machen müssen, sodass sie auch nicht voll beim Pferd sein können. Und Schwupp ist der entscheidende Moment vorbei, und Mensch und Pferd reden beide aneinander vorbei.
- → **Pausen** Während einer Trainingssession dienen Pausen als Motivator. In der Pause bekommt das Pferd ein gutes Gefühl, denn wir senden keine Reize, stellen keine Fragen und unsere Körperspannung lässt nach. Danach streben Pferde, egal ob mit uns oder im Herdenverband, im Alltag. Das heißt nicht, dass sie nie Vollgas geben können und wollen, aber von uns brauchen sie ein Feedback auf ihr Verhalten und dafür eignet sich die Pause als Lob.

- **Gefallen** Pferde wollen gefallen, Pferde wollen etwas tun, da bin ich mir ganz sicher. Sie müssen nur ihre Aufgaben verstehen. Das gilt für das kleinste Detail bis hin zur großen fertigen Lektion.
- **Lob** Genau hier liegt ein weiterer Fehler bei vielen im Umgang und im Training mit dem Pferd: Wir lassen das Pferd in Situationen oder bei Verhalten oft in Ruhe, in denen wir ihm eigentlich gar kein Lob zukommen lassen wollen. Eine Pause nimmt das Pferd aber als Lob an, es zeigt schließlich vermehrt unerwünschtes Verhalten oder es kann so eine Aufgabe oder eine Regel nicht lernen. Das Stichwort heißt hier „Comfort spots", die durch die ergatterte und gewährte Pause gebildet werden. Beispiele dazu wären etwa das „Wegziehen des Menschen zum Gras", das „Ausreißen an der Longe", das „Reagieren auf das scharrende Pferd am Anbinder" oder auch das „nicht stillstehende Pferd".

Oft sehe ich unpassende Bestätigungsmomente von Besitzern. Sie möchten ihr Pferd beruhigen, bestätigen damit aber die Unsicherheit oder gar das falsche Verhalten.

100%ige Aufmerksamkeit und eine gemeinsame Kommunikation braucht es auch im Sattel.

REITEN UND REITERHILFEN

Es geht bei der Reitpferdeausbildung darum, Reiterhilfen zu etablieren, um schnellstens Kontrolle über die Bewegungsrichtung und das Tempo zu bekommen. Ich möchte den Kopf, die Vorhand, die Mittelhand und die Hinterhand separat ansteuern können. Die Reiterhilfen sollen dem Pferd helfen, uns vom Sattel aus zu verstehen.

Das funktioniert in der Regel ja ganz wunderbar, da Pferde so anpassungsfähige Wesen sind, die keinen Stress, keine Schmerzen und keine Disharmonie wollen.

Pferde sind bestrebt, Druck und Schmerz auszuweichen und zu verstehen, was sie tun müssen, damit Stress im besten Fall ausbleibt. Die pferdegerechte und klare Kommunikation ist auch vom Sattel aus sehr wichtig. Wie gesagt, ich möchte hier vor allem die Richtung und das Tempo bestimmen.

Das funktioniert über Gewichtshilfen, Schenkelhilfen und Zügelhilfen. So weit, so gut. Das Pferd soll mit möglichst wenig Druck, das heißt am besten in Phase 1 (siehe das Vier-Phasen-System auf Seite 85) losgehen, anhalten, rückwärtsgehen, antraben, angaloppieren, piaffieren und, und, und.

ANTRETEN IM SCHRITT UNTER DEM REITER

Auch im Sattel gilt das Phasen-System: Wie am Boden sollen feine Reiterhilfen genügen, um eine Reaktion auszulösen, denn auch beim Reiten möchte ich nicht in ein Dauertreiben kommen oder gar mit einem sehr starken Unterschenkel das Pferd ansprechen müssen, damit es überhaupt losgeht. An dieser Stelle der Reminder: Es gibt keine stumpfen Pferde, aber der Mensch kann sie stumpf machen.

— Phase 1 setzt sich aus einer leicht erhöhten Körperspannung, einem Einatmen und einem Unterschenkel, der sich ganz leicht auf das Fell legt, zusammen. Wenn keine Reaktion kommt, geht es zur Phase 2 über.

— In Phase 2 wird etwas mehr Druck auf das Fell ausgeübt. Sobald eine Reaktion kommt, wird der Schenkel weggenommen. Das Pferd wird mit der Stimme oder der streichelnden Hand am Hals belohnt. Dein Becken folgt locker den Schrittbewegung des Pferdes.

— Falls keine Reaktion des Pferdes kommt, geht es zur Phase 3 über. Du überträgst noch mehr Druck auf das Fell beziehungsweise nun auf Haut und Muskeln. Hier fange ich schon gerne an, rhythmischen Druck mit meinem Schenkel zu

KS-COACHING THEMA TREIBEN

Beim Treiben werden oft Fehler gemacht:

→ Zu viel Druck von Anfang an

→ Zu schnell zu viel

→ Mit den Hacken wird in den Bauch bzw. in den Rippenbogen gebohrt

→ Die Unterschenkel wandern mit zu viel Druck nach hinten in Richtung Flanke

→ Das Becken versucht, das Pferd in Bewegung zu bringen. Es kommt so zum sogenannten Schieben, aber das ist völlig fehl am Platz

Es gibt keine stumpfen Pferde. Unser Umgang mit nicht lauffreudigen Pferden ist entscheidend!

Wenn alles zusammenpasst, macht sich ein großartiges Gefühl breit.

machen, damit das Pferd den Schenkel besser wahrnimmt. Es kann auch ein bisschen Stress bekommen, damit es sich überlegen muss, was es tun kann, damit der Schenkel wieder ruhig und die Situation wieder harmonisch wird.

- Erfolgt auch jetzt keine adäquate Antwort vom Pferd, kommt schlussendlich der stark und rhythmisch an den Rippenbogen klopfende Unterschenkel. Dabei bleiben trotzdem Po und Beckenmuskeln locker und die Oberschenkel geöffnet. Ich möchte das Pferd wieder etwas in Stress setzen und den Fokus auf die Wade lenken, damit es die Bedeutung des in Phase 1 leicht angelegten Schenkels erkennt und zukünftig bereits dann fein reagiert.
- So würdest du bei jeder Tempo- und Gangartenerhöhung vorgehen.

KS-TIPP

Wenn das Pferd diesen stufenartigen Ablauf kennt und trotzdem nicht reaktionsschnell antwortet, darfst du in diesem Fall direkt von Phase 1 zur Phase 4 übergehen.

TIMING

Die große Kunst besteht im Timing. Sobald wir in die Phase 4 gehen wollen, die Waden zum rhythmischen Klopfen bereit machen und das Pferd losgeht, dürfen wir nicht mehr die Phase 4 ausführen, sondern im Gegenteil, wir müssen sofort locker sitzen, mit einem ruhigen Unterschenkel und mit einem Wort loben. So wird das Pferd schnell den Unterschied merken, dass es Ruhe, Harmonie und Lob von uns bekommt, sobald es auf den lockeren, leicht angelegten Schenkel reagiert. Nur bei Nichtreaktion wird es in leichten Stress versetzt. Ich verspreche dir, dass dieses Prinzip ganz wunderbar funktionieren wird.
Wichtig ist es zu akzeptieren, dass das Pferd Fehler machen darf und muss. Damit meine ich das Nichtreagieren oder nur langsam Reagieren. Wir nutzen den Wechsel von Harmonie und leichtem Stress im Zusammenspiel mit einer Reiterhilfe, damit wir einen Reiz setzen können.
Viele Reiter haben leider nicht die Geduld und die Ruhe, dieses Phasensystem in ihren Umgang oder in die Ausbildung des Pferdes zu stecken. Das ist so schade. Lieber plagen sie sich mit dem ständigen Treiben ab, oft begleiten sie sogar jeden Schritt mit Sporeneinsatz, damit das Pferd vorwärtsgeht. Das ist doch aber überhaupt gar nicht nötig.

01

02

03

04

Das tierische Vier-Phasen-System. Wir agieren mit unseren Impulsen in folgenden Stufen.

01 Leicht und fein wie eine Fliege: Das große Ziel für den gesamten Umgang.

02 Unangenehm piksend wie eine Mücke: Das macht das Pferd aufmerksamer auf unseren Impuls.

03 Wenn keine Reaktion vom Pferd kommt, darf der Impuls unangenehmer werden, wie der Stich einer Pferdebremse.

04 Und als letzte Instanz kommt die große Pferdebremse ins Spiel. Schon bei dem Geräusch rennen die Pferde los.

TEMPOREGULIERUNG

Es ist nicht schwer, ein Pferd langsamer zu machen. Du musst nur am Strick oder am Zügel ziehen. Aber wir möchten ja fein und kommunikativer mit unseren Pferden unterwegs sein. Das heißt, es sollte im Idealfall schon anhand unserer Körperspannung oder eben Entspannung merken, was wir vorhaben, und sich mit uns synchronisieren. So wollen wir am Führseil maximal die Hand schließen und das Pferd reagiert auf diesen leichten Druck. So wollen wir im Sattel, dass es auf unsere feine Hilfengebung über den Sitz reagiert – am besten schon auf unser Ausatmen – und langsamer wird oder sogar stehen bleibt. Vergiss niemals: **Dein Pferd kann nur so gut sein, wie du es bist**.

DAS TAXI

Eine sehr wertvolle Kommunikationsübung ist die Lektion, die ich Taxi nenne. Das Wort sagt es eigentlich schon: Das Pferd kommt heran, sodass du ganz entspannt aufsteigen und gemeinsam losfahren bzw. losreiten kannst.

In meinem Arbeitsalltag sehe ich an dieser Stelle leider viel zu viel Stress und missverständliche Hilfen, dabei ist das doch sowas von unnötig. Denn hier müssen wir dem Pferd nur erklären, was wir wollen. Das ist eigentlich nicht, mit der Aufstiegshilfe hinter dem Pferd herzurennen. Ihr alle kennt dieses Bild. Auch das herumtänzelnde Pferd oder der Mensch, der immer wieder vom Treppchen runterkommt, die Hinterhand des Pferdes zur Aufstiegshilfe zurückschickt, wieder auf die Aufstiegshilfe geht, wobei sich das Pferd in diesem Moment mit der Hinterhand wieder von der Aufstiegshilfe wegbewegt. Ja, wir alle kennen diese Szenarien.

Hier geht es wie gesagt einfach um Kommunikationsmissverständnisse. Natürlich muss im Vorfeld geklärt sein, dass das Pferd keine Rückenschmerzen hat, dass der Sattel passt und dass das Pferd ansonsten die körperliche Arbeit, die auf das Pferd zukommt, auch schaffen kann, da es körperlich völlig in Ordnung ist. Auch die Zähne sollte man in diesem Falle mitbedenken, und einmal mehr den Zahnarzt kommen lassen.

Nun haben wir also die Situation, dass alle Randfaktoren gecheckt und in Ordnung sind, dann widmen wir uns unserer Aufgabe als guter Pferdemensch und Pferdebesitzer, dem Pferd das Stillstehen beim Aufsteigen beizubringen. Bis zur Königsdisziplin – das Pferd holt den Reiter ab. Ich lege euch das Taxi-Spiel wirklich sehr ans Herz, da so ein Reiten von Anfang an stressfrei und entspannt starten kann. Viele von euch haben das ihren Pferden schon beigebracht. Für diejenigen, die das noch nicht gemacht haben, hier also eine kleine Anleitung dazu.

— Am Anfang ist es einfach sinnvoll, sich dazu an eine Begrenzung zu stellen, das heißt neben eine Reithallenbande, eine Steilwand, eine Hausmauer, das Roundpen. Whatever.
— Ich stehe bei dieser Übung vorzugsweise auf dem meist stärkeren Auge, also auf der linken Seite des Pferdes. Mein Pferd und ich stehen beide mit dem Kopf an der Begrenzung. Ich drehe mich als Erstes zur Hinterhand des Pferdes um und tippe mit meiner Gerte über der Kruppe in die Luft. Im besten Falle wird das Pferd sich bewegen. Meist bewegt es sich natürlich weg von uns. Da nun die Begrenzung, die Bande, unser sogenannter Co-Trainer ist, kommt das Pferd mit der Hinterhand nicht wirklich weit weg. Wichtig ist, dass du jetzt mit deiner Gerte weiter tippst, bis sich das Pferd wieder in deine Richtung bewegt.
— Das ist der Moment, in dem du das erste Mal mit der Gerte aufhören darfst, ein Zeichen zu geben. Natürlich kommt das Stimmlob hinzu, gern kannst du auch streicheln. Das ist aber tatsächlich nicht so wichtig. Wichtiger ist das Aussetzen des Gertensignals und deine ruhige

01

02

01 Ich stehe auf einer Aufstiegshilfe oder auf einem Baumstamm im Wald und frage das Pferd mit einer Geste oder mit einem festgelegten akustischen Geräusch heran. Beim Lernen hilft hier die lange dickere Gerte oder der Stick.

02 Die Vorderbeine sollen nicht vorwärtstreten. Die Hinterhand kommt zur mir heran.

und entspannte Körperhaltung neben deinem Pferd.

- Nun wiederholst du den Vorgang, das heißt, du bringst Spannung in deinen Körper und hebst die Gerte. Im Idealfall wird sich das Pferd jetzt schon bewegen, wenn nicht, fängst du an, mit der Gerte in die Luft zu tippen. Sobald eine Reaktion kommt, hörst du wieder auf. Wenn keine Reaktion auf deinen Reiz kommt, kannst du anfangen, mit der Gerte die Kruppe des Pferdes leicht zu touchieren. Ruhig und rhythmisch, bis eine Reaktion des Pferdes kommt. Achtung, aufgepasst: Es muss eine Bewegung auf dich zu sein. Dann hörst du natürlich wieder sofort mit der Gertenhilfe auf, entspannst dich und gibst deinem Pferd eine nächste Pause.
- Das wiederholst du, bis das Pferd sofort auf dich zukommt, anstatt sich mit der Hinterhand von dir wegzubewegen.
- Achtung: Wichtig ist es, dass du immer den Kopf des Pferdes beachtest. Denn es kann sein, dass das Pferd auf dich zukommt und in deine Richtung weitergehen und dich wegdrängeln möchte. In dem Fall hebst du einfach die ganze Zeit

Mit der richtigen Technik und mit einem gefühlten und gelebten Vier-Phasen System kann man auch mit Kaltblütern mit einer Tonne Gewicht fein arbeiten.

deine Hand, in der der Strick oder die Zügel liegen, in Richtung Pferdekopf. Sobald der Kopf auf dich zukommt, kannst du Impulse in Richtung Nase senden und den Kopf, das Lenkrad, wieder von dir wegschicken. Möchte das Pferd in die andere Richtung losgehen, schließt du deine Hand, in der der Strick oder die Zügel liegen, und so bekommt das Pferd den Impuls, dass es nicht weitergehen soll. Ganz wichtig: Nicht am Strick ziehen!

— Ich empfehle dir, immer wieder eine größere Pause einzubauen, das heißt, den Platz des Geschehens zu verlassen und eine Runde über den Reitplatz oder wo auch immer du bist, mit dem Pferd zu gehen. Das nimmt dir und dem Pferd den Stress und gibt ihm eine Pause, eine Superpause. So merkt das Pferd, dass es gerade etwas richtig gemacht hat.

Trainieren mit Phasen-Prinzip

Während dieser ganzen Übung musst und darfst du wieder in unseren Phasen agieren. Das Tippen in die Luft, zusammen mit deiner Körperanspannung, ist die Fliege. Das leichte rhythmische Tippen auf die Kruppe ist die Mücke. Das stärkere rhythmische Tippen auf die Kruppe ist die kleine Pferdebremse und ein stressiges Tippen auf die Kruppe ist die große Pferdebremse.
Es geht bei dieser Übung aber eher darum, das Pferd zu nerven und durchaus länger in der Phase der Mücke oder kleinen Pferdebremse zu bleiben.
In welcher Phase du verweilen musst, merkst du daran, dass das Pferd Körperzeichen sendet wie Kopf/Hals hochnehmen und sich anspannen, Schweif schlagen, vielleicht auch Ohren anlegen. Das ist die Stelle, an der es unsicher wird. Genau da musst du einfach nur bleiben und abwarten, bis das Pferd zuerst durch Zufall, später bewusst, die richtige Bewegung ausführt.
Erinnere dich daran, dein Pferd darf und muss Fehler machen und mehr oder weniger durch Zufallsprinzip herausfinden, was du möchtest. Wir benutzen hier einfach wieder nur das Mittel des Bewegungsstresses. Das Pferd macht sich Sorgen, wohin es gehen soll. Wir hören in dem Moment auf, wenn es in die richtige Richtung geht. Fertig, so leicht und schnell kann jedes Pferd die Lektion Taxi lernen.

KS-TIPP

Das ist einer meiner Lieblingsgrundsätze: Es dauert, solange es dauert!

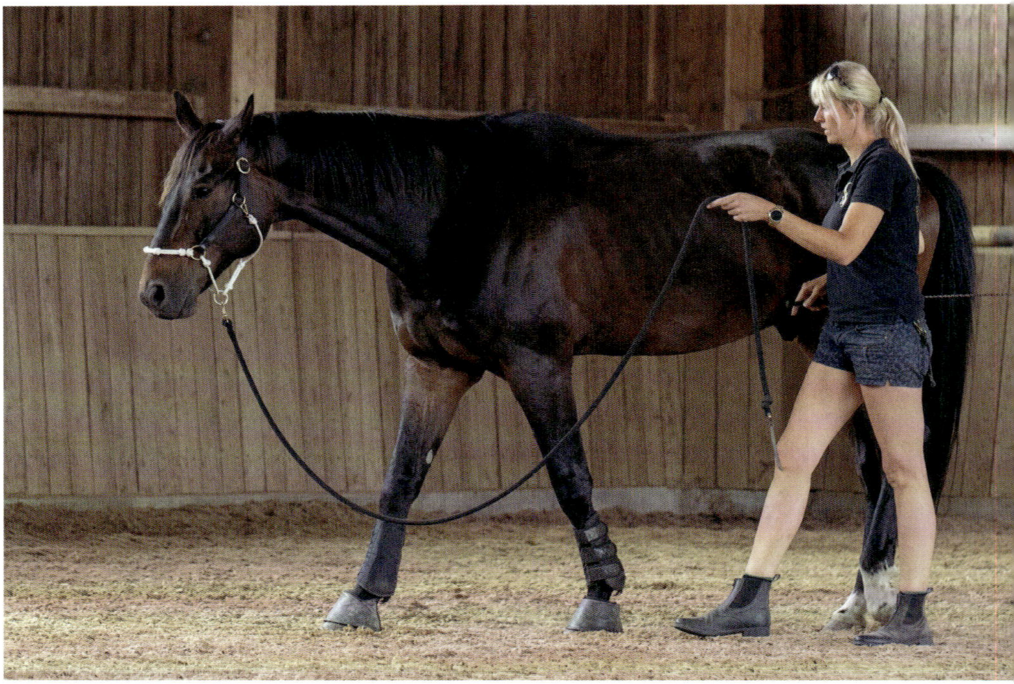

01

SYNCHRONISIEREN

Eine weitere, sehr schöne Übung zur Kommunikation, zur Stärkung der Kommunikation und zur Stärkung der Bindung ist das sogenannte „Synchronisieren". Probiere es doch einfach mal aus.
Du gehst mit deinem Pferd im Gleichschritt. Sein vorderes rechtes Bein ist mit deinem rechten Bein synchron, genauso links. So geht ihr mit dem gleichen Bein los, bleibt im selben Tempo, werdet innerhalb des Schritts gemeinsam schneller und wieder langsamer. Ihr kommt gemeinsam und im gleichen Schritt zum Stehen und geht gemeinsam und im gleichen Schritt rückwärts.
Der Anfang wird schwierig sein, aber glaube mir, dieses Training wird dich und dein Pferd voranbringen. Du bekommst seine volle Aufmerksamkeit. Das ist letztendlich wieder, worum es geht. Du möchtest den Fokus des Pferdes bei dir haben und du möchtest mit ihm kommunizieren. Du darfst anfangs eine kleine Gerte dazunehmen, mit der du vorne begrenzen und das Tempo regulieren oder an der Hinterhand das Pferd etwas fleißiger machen kannst. Achte darauf, dass wenn du einen Schritt machst, dass dein Pferd dann auch reagieren soll. Falsch wäre es hier, einfach weiter zu laufen, obwohl dein Pferd noch keinen Schritt gemacht hat. Du wirst eine Reaktion, wie zuvor beschrieben, mit einem Strick- oder Gertensignal einfordern müssen, damit dein Pferd sich wirklich angesprochen fühlt und lernt, sofort und direkt zu reagieren.

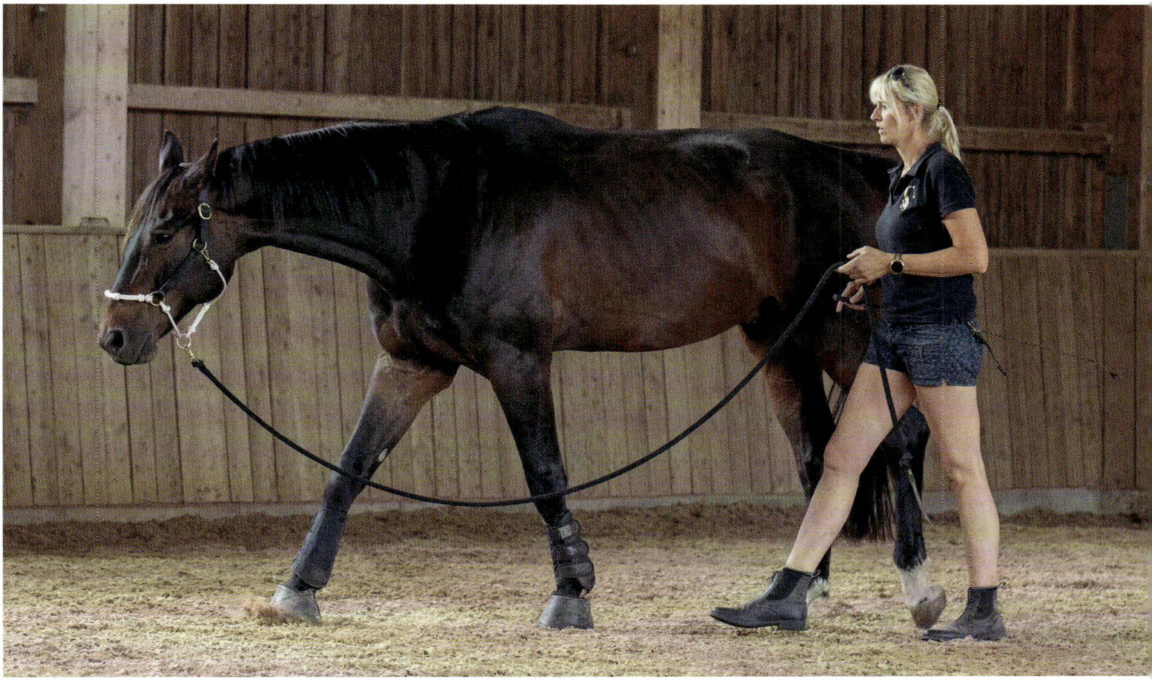

02

KS-COACHING
THEMA KOMMUNIKATION

Was braucht das Pferd?

→ Eindeutige, verständliche Signale
→ Ruhe, Klarheit und Souveränität
→ Aufmerksamkeit für den Menschen
→ Druckverständnis (Nachgeben und Weichen)

Was braucht der Mensch?

→ Wissen
→ Präsenz & Körperbewusstsein
→ Ruhe, Klarheit & Souveränität
→ Planvolles Handeln
→ Timing
→ Wahrnehmung
→ 100%ige Aufmerksamkeit für das Pferd
→ Raum- und Körpergefühl

01 *Rechtes Pferdebein vor, rechtes Menschenbein vor, linkes Pferdebein vor, linkes Menschenbein vor – und so weiter und so fort …*

02 *… in allen Tempi. Ohne jeden Schritt zu treiben oder zu schnalzen. Und ohne Zug am Halfter. Ach, und in allen Führpositionen. Eine Einheit. Das ist das große Ziel.*

RESPEKTVOLLE DOMINANZ

SO RESPEKTIERT DICH DEIN PFERD

Wie empfindest du es, wenn dein Pferd immer wieder vor dir läuft, am Strick zieht, nicht gern oder nicht verlässlich stillstehen kann oder sich in deinen Weg oder in deinen Raum drängt?

RESPEKT HILFT DIR UND DEINEM PFERD

Findest du das obengenannte Verhalten in Ordnung und normal? Oder stört es dich insgeheim? Fühlt es sich manchmal sogar gefährlich an? Aber du weißt nicht genau, was du ändern kannst? Du willst ja mit deinem Pferd nicht grob werden oder hast vielleicht Angst, seine Liebe zu verlieren? Deine Gefühle zeigen es und du musst zugeben (ganz leise zumindest): Das Verhalten deines Pferdes zeigt, dass es an der einen oder anderen Stelle an Respekt fehlt. Respekt ist ja nicht nur „Ducken vor Dominanz", sondern Respekt hat vor allem mit Höflichkeit und Anerkennung zu tun.
Das Thema Respekt ist irgendwie ein nie endender Diskussionspunkt in der Pferdewelt, findest du nicht auch? Da gibt es die sehr klaren und regelrecht strengen Trainer und Pferdemenschen, aber auch, ich sage das mal auf provokante Weise, die antiautoritären Pferdebesitzer.

Kaltbluthengst „Albrecht von Brück". Was für ein Koloss. Trotzdem liebt er Krauleinheiten. Und trotzdem braucht diese eine Tonne ganz klare Grenzen, Regeln und einen gesunden Respekt vor dem Menschen.

In meinem Trainingskonzept bildet Respekt eine zentrale Säule. Warum? Wir alle wünschen uns nicht nur Respekt von unseren Pferden, sie ist auch für den täglichen Umgang, der von Leichtigkeit geprägt ist, sowie für Vertrauen und Sicherheit in der Beziehung unerlässlich. Respekt ist auch die Grundlage dafür, dass unsere Pferde etwas von uns lernen können.

WAS EMPFINDEST DU EIGENTLICH ALS RESPEKTLOS?

- → Platzmangel
- → Ignorieren von Signalen
- → Umrennen der Person
- → Zu nahes Stehen
- → Beißen
- → Treten
- → Anlegen der Ohren
- → Reiben des Kopfes an der Person
- → Nicht stillstehen
- → Wenden des Hinterteils in Richtung der Person
- → Erschrecken
- → Lauflinie nicht einhalten
- → Weigerung, Wasser zu durchqueren

DEFINITION RESPEKT UND DOMINANZ

Im Internet lassen sich diese Definitionen finden: „Respekt ist die Art, wie man über jemanden oder etwas denkt. Die Art und Weise, wie ein Mensch mit einem anderen Menschen spricht." Man schenkt jemandem Anerkennung und Bewunderung aufgrund seiner Leistung, seiner Fähigkeiten oder Qualitäten, aufgrund seiner Stellung in der Gesellschaft oder wegen seiner Charaktereigenschaften. Nicht zu vergessen sind Respekt vor dem Alter, vor Autorität oder vor Macht. Respekt erzeugt verschiedene Gefühle wie z. B. Achtung und Höflichkeit, die in einer entsprechend respektvollen Umgangsform des Gegenübers münden.

01

01 Körperliche Blockenergie mit Unterstützung durch den Einsatz der Gerte.

02 Sobald das Pferd mich a) wahrnimmt und auf mich reagiert, antworte ich mit b) Entspannung und einem Lächeln. Präsenz im Raum ist hier das Stichwort.

„Unter Dominanz versteht man in der Biologie und in der Anthropologie, dass ein Individuum oder eine Gruppe von Individuen gegenüber einem anderen Individuum bzw. einer Gruppe einen höheren sozialen Status hat, worauf Letzteres unterwürfig reagiert. Das Gegenteil von Dominanz ist Unterwürfigkeit bzw. Subordination/Submissivität."
Wie du merkst, hat Respekt nicht zwingend damit zu tun, dass sich jemand aus Angst einem anderen unterwirft. Guter Respekt entsteht aus positiven Gefühlen wie Bewunderung und Anerkennung. Was bedeutet aber Dominanz?
Dominanz ist erst einmal ein neutraler Begriff. In der Tierwelt ist Dominanz nicht negativ, sondern etwas vollkommen Natürliches und für das Überleben und das Zusammenleben Notwendiges. Als Menschen sehen wir jedoch eher die negativen Aspekte der Dominanz. Es geht oft um Unterdrückung und Unterwerfung, also lediglich die Schattenseiten.
Den Wert von „gesunder" Dominanz verstehen wir daher kaum. Respekt ist ein schönerer Begriff, weil er die positiven Seiten der Dominanz beinhaltet.
In menschlicher Kommunikation kann man in manchen Situationen übrigens auch respektvoll dominieren. In einer Partnerschaft sollte das wechselweise erfolgen, da wir eine gleichberechtigte Partnerschaft führen wollen. Genau das ist in der Tierwelt nicht üblich oder normal.

02

Pferde haben von Natur aus Respekt vor unbekannten und fremden Dingen, wie hier vor Mensch und Gerte.

Durch richtigen Umgang können wir das Interesse wecken und durch Routine Vertrauen aufbauen.

WAS BEDEUTET RESPEKT IN DER PFERDEWELT?

Das Überleben in einer Gruppe benötigt Regeln. Bei Pferden ist es die Rangordnung, die Vorteile für alle Gruppenmitglieder bietet. In der Welt der Tiere gibt es zwar das Wort Respekt nicht, doch lassen verschiedene soziale Verhaltensweisen darauf schließen, dass ähnliche Konzepte existieren und ähnliche Prinzipien gelten.

An erster Stelle geht es um das Überleben und die Fortpflanzung und somit um die Arterhaltung. Der Zusammenhalt in einer Gruppe wie beim Herdentier Pferd bietet dabei viele Vorteile und sichert das eigene Überleben. Natürlich muss es in einer größeren Gruppe Regeln geben, denn im Chaos hätten Raubtiere ein leichtes Spiel. Es gäbe auch schlicht und einfach erhöhten Stress im täglichen Miteinander, der das Wohlbefinden und die Gesundheit der Individuen beeinträchtigen würde. Somit ergeben Rangordnungsregeln viel Sinn. Der Ranghöhere fordert und erhält Respekt von seinen Artgenossen. Dies sind Verhaltensweisen, die wir auch aus dem menschlichen Zusammensein kennen wie Achtung und Beachtung, Vortritt und Zurückhaltung, kurz gesagt Höflichkeit.

RANGPOSITION ÜBER KOMPETENZ UND VERTRAUEN ERARBEITEN

Jedes ranghöhere Pferd muss sich das Respektverhalten der anderen Tiere erarbeiten! Wir werden gleich noch darauf eingehen, wie das funktioniert. Die anderen bzw. jedes einzelne Pferd der Herde verspricht sich durch das Respektieren der jeweils ranghöheren Position, sicher zu leben und ans Ziel gebracht zu werden.

Hier verschmelzen übrigens auch Respekt und Vertrauen. Die Herdenmitglieder werden ihren Leitstuten und dem Leithengst die Kontrolle des Tagesablaufes überlassen. Dabei hat jedes Mitglied der Gruppe volles Vertrauen in diese Positionen oder, besser gesagt, in die Kompetenz der Individuen,

»Gegenseitiger Respekt ist die Grundvoraussetzung für eine harmonische Beziehung zwischen dir und deinem Pferd. Diesen muss man sich allerdings erarbeiten und verdienen.«

die diese Positionen erlangt haben. Man kann hier also von Respekt sprechen.

RESPEKT ZWISCHEN MENSCH UND PFERD

Wie funktioniert Respekt zwischen Mensch und Pferd? Wofür brauchen wir ihn in der Beziehung? Indem wir uns Wissen über die Rollendynamiken der Herde und das soziale Verhalten von Pferden aneignen, respektieren wir zunächst einmal das Pferd in seinen natürlichen Funktions- und Verhaltensweisen sowie in seinen Bedürfnissen, die es aus seinem ursprünglichen Lebensraum mitbringt. Pferde, die in unserer Menschenwelt leben, haben ja keine Wahl, sie müssen damit klarkommen. Es ist in meinen Augen ein erster, sehr wichtiger grundlegender Schritt, der Natur des Pferdes durch Respekt und Verständnis entgegenzukommen und hier eine Brücke zu bauen.

RESPEKT SORGT FÜR SICHERHEIT UND NACHHALTIGKEIT

Die Fragen, die wir uns im Umgang mit Pferden stellen müssen, sind: „Welche Art von Beziehung möchte ich mit diesem Tier haben? Wie möchte ich dem Tier begegnen?“ Die Antworten auf diese Fragen sollten die Grundlage für den gesamten Umgang mit unserem Pferd sein.
Oftmals denken wir kaum darüber nach. Wir machen Dinge, weil es die Menschen um uns herum so tun oder weil es früher eben auch schon so gemacht wurde. Punkt. Was aber möchte ich meinem geliebten Tier jetzt bieten? Und was möchte ich im Gegenzug dafür bekommen?
Eine Antwort, zu der man neben all den vielfältigen Möglichkeiten und Variationen im Pferdetraining jedoch stets gelangt, ist folgende: Will ich mit meinem Pferd sicher und nachhaltig arbeiten, muss es mich respektieren.
Es führt kein Weg daran vorbei.

LEITPOSITION DURCH KOMPETENZ UND VERTRAUEN

Wie erreiche ich das? Indem ich mir wie ein ranghöheres Leittier, das Respekt und Vertrauen erhält, die Leitposition erarbeite. Der Weg, wie Pferde es bewerkstelligen, ihre Position in der Herde zu erlangen und zu sichern, verläuft über Raumarbeit, Präsenz, Klarheit, Fairness und Bestimmtheit sowie die Kontrolle über eigene Emotionen. Diese Kompetenzen, die Pferde dabei zeigen, führen schließlich zum Vertrauen, das die entsprechende Führungsposition sichert. Der Mensch muss zwangsläufig ebenso eine klare Führungsrolle einnehmen.

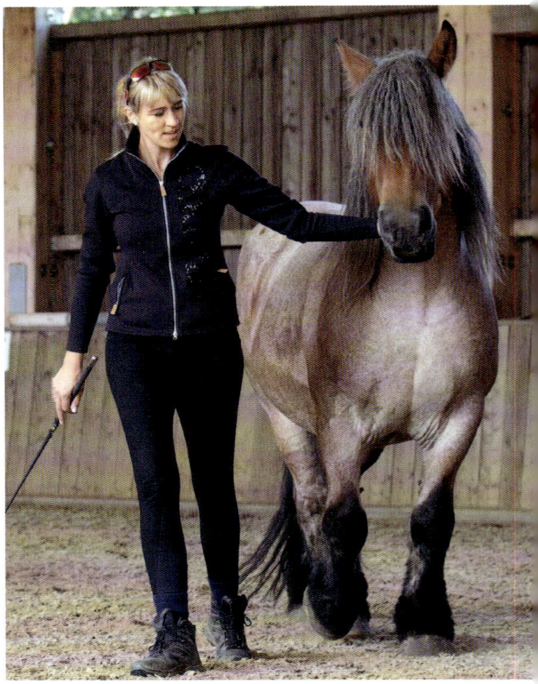

Miras Impuls ist, auszuweichen. Ich lade sie durch leichten Kontakt und meine weggedrehte Schulter zu mir ein.

TEIL 1: RAUMORDNUNG SCHAFFEN UND BEWAHREN

Pferde klären ihre Position primär durch Raumordnungen und in Bewegung und Aufteilung von Räumen – also über ihren wichtigsten Kommunikationskanal, das Raummanagement.

Wir haben im Kapitel über die Kommunikation gelernt, dass wir immer und automatisch im Umgang mit Pferden im Raumdialog stehen.

Nehmen wir als Mensch also am Raumdialog teil, müssen wir uns bewusst sein, dass schon ein Schritt zu viel oder zu wenig ein ausschlaggebender Faktor sein kann, ob wir respektiert werden oder nicht. Denn so ein einzelner Schritt kann eben Raum geben oder ihn (zurück)fordern. Somit hat jeder Schritt auf ein Pferd zu oder von ihm weg eine große Aussagekraft. Wir Menschen müssen in diesem Dialog absolute Klarheit zeigen. Das heißt zum einen, dass wir den persönlichen Raum klären, aufteilen und respektieren müssen. Außerdem müssen wir das Pferd bewegen und eindeutige Aussagen für Tempo und Richtung treffen können. Dafür sind Grenzen und Regeln und ein definierter Raum Voraussetzung. Wir bekommen umso mehr Respekt vom Pferd, je leichter wir Einfluss auf seine Füße nehmen können, sprich, es bewegen können. Wenn das Pferd diese Einflussnahme nicht respektiert, gibt es Probleme, das Pferd zu kontrollieren – ganz egal, wie gut es bereits trainiert wurde. Das Ziel muss es also sein, ein Pferd ruhig, klar und freundlich bewegen zu können.

TEIL 2: FÜHRUNGSPERSÖNLICHKEIT WERDEN

Neben den Fähigkeiten, Raum einzunehmen und zu managen, indem man den anderen bewegt, sind es bestimmte Qualitäten als Führungspersönlichkeit, mit denen sich ein Pferd das Vertrauen in seine Kompetenz als Leittier erarbeitet. Dazu gehören viele feine Aspekte in Präsenz und Verhalten, die man in den Grundzügen als Klarheit, Bestimmtheit und Fairness betiteln könnte. Zu den Eigenschaften eines Leittiers gehören verschiedene Verhaltensweisen. Das Leittier vermeidet zum Beispiel keine Blickkontakte. Es macht sich niemals klein oder zeigt sich unsicher. Ein Leittier zeigt sich präsent, stolz und souverän, dabei aber fair und friedlich. Man sieht weder unterwürfige oder beschwichtigende Verhaltensweisen noch solche, die bösartig oder übertrieben sind.

Will ein anderes Tier dem Leittier seinen Rang streitig machen, kann es das nicht allein durch Aggression oder Machtgehabe erreichen, sondern es muss die obengenannten Eigenschaften besitzen, faire Verhaltensweisen an den Tag legen, aber trotzdem kämpfen und seine Position weiter verteidigen. Es muss all seine Kompetenzen beweisen.

Ich lache und lobe Mira, als sie es geschafft hat, sich auf mich einzulassen. Welch ein tolles Gefühl.

Die Kompetenz eines Leittiers äußert sich auch darin, dass es keine Situationen herstellt, die die anderen Herdenmitglieder in Hilflosigkeit bringen. Möchte der Mensch also den Respekt des Pferdes bekommen, muss er sich zum Ziel setzen, sich seinen Führungsqualitäten im Sinne der Natur des Pferdes bewusst zu sein.

Dabei musst du wissen, dass das Pferd auch austesten wird, ob du die Führung zu Recht beanspruchst. Viele Menschen reagieren emotional auf Testaktionen des Pferdes, sie fühlen sich herausgefordert, reagieren beleidigt oder werfen ihrem Pferd Respektlosigkeit vor. Dabei benötigt das Tier diese Tests und Rückversicherungen aus reinem Selbstschutz heraus – denn im äußersten Fall geht es ja darum, wem es in Situationen folgt, die sein eigenes Überleben betreffen.

Wie zum Thema Präsenz im Kapitel Kommunikation (siehe Seite 46) bereits erwähnt, reagieren Pferde auch stark darauf, wie stimmig und authentisch wir uns verhalten. Es geht darum, unsere Kompetenz einzuschätzen. Agieren wir klar und ohne Widersprüche, kann sich das Pferd vertrauensvoll an uns orientieren, sprich, wir sind gute Leitfiguren. Respektarbeit findet also, genau wie die Kommunikation, immer und überall statt, wenn wir mit dem Pferd umgehen. Pferde fordern unsere Aufmerksamkeit und adäquaten Reaktionen jederzeit ein.

KS-BEISPIEL: DAS PFERD DRÄNGELT

Fällt dir nicht auf, dass dich dein Pferd regelmäßig beim Gehen überholt oder dich bedrängt – du korrigierst es nicht und

Klare Block(Stopp)Energie. Mein Tanzbereich, dein Tanzbereich. Das versteht jedes Pferd. Nur das zu akzeptieren, fällt einigen schwer.

Hier geht mein Oberkörper nach hinten und ich womöglich auch noch einen Schritt rückwärts. So meint der Mensch das Stoppen nicht ernst, zusätzlich liest das Pferd es als Einladung, dem Menschen zu folgen. Klassisches Aneinandervorbeireden.

schickst es nicht an seinen von dir vorgegebenen Platz –, signalisierst du damit, dass du weder wachsam noch aufmerksam bist. Das Pferd wird keinen Sinn darin erkennen, sich von dir führen zu lassen. Anders ausgedrückt: Es kann dich nicht respektieren, da du nicht in der Lage bist, es in seinem Sinne zu führen und zu beschützen.

ÜBERINTERPRETATIONEN DES MENSCHEN

Wer sich von Drängelaktionen des Pferdes frustrieren lässt oder über den „schlechten Charakter" oder die „mangelnde Höflichkeit" des Pferdes schimpft, macht einen großen Denkfehler. In diesen Situationen zu glauben, es ginge um Dominanz, wäre ein großer Fehler. Bei Pferden geht es bei dieser Art Test um sein Sicherheitsdenken, ums Überleben und Herstellen und Beibehalten der Ordnung.

Dein Pferd will deine Stärke und dein Selbstbewusstsein spüren, um sich sicher zu fühlen. Wir Menschen müssen also die Führung übernehmen, und dazu müssen wir uns Respekt erarbeiten. Weil solche Frustrationen so häufig vorkommen und zu Missverständnissen führen, die die Mensch-Pferd-Beziehung belasten, will ich hier nochmals betonen, welchen Denkfehler wir Menschen häufig machen (siehe auch Seite 20 Gehirn und Seite 28 Lernverhalten des Pferdes): Pferde kennen und nutzen nur Verhaltensweisen, die in ihrer natürlichen Kommunikation und Interaktion vorkommen und möglich sind. Wir neigen aber dazu, ihre Verhaltensweisen aus menschlicher Sicht zu interpretieren und sind dabei oft zu emotional.

MISSVERSTÄNDNISSE AUSRÄUMEN

Der komplex denkende Mensch, der viel auf sich bezieht, alles analysieren und erklären möchte, missversteht das klar strukturierte Pferd. Kein Pferd verhält sich ungehorsam, weil es „bockig“ oder „frech“ ist. Wenn wir das Verhalten unserer Pferde so empfinden und deuten, ist das ein falsches Verständnis der dahintersteckenden Motivation. Wir interpretieren es aus unserer menschlichen, emotionalen Sicht heraus. Solch ein Verhalten wäre aber innerhalb einer Herde sinnlos und ist somit im Repertoire des Pferdes nicht vorhanden.

Im Alltag von Pferden geht es darum, die Grundbedürfnisse zu befriedigen und eine tägliche Routine zu leben. Zur sozialen Routine gehört das Aushandeln der Rangordnung. Pferde in der Herde schicken sich weg, treten aus, prusten und schnauben, markieren den Raum oder wälzen sich. Jeder versteht diese Signale. Sie stellen den Rang dar bzw. sind Teil des Raummanagements. Den eigenen Rang anzuzeigen oder einzufordern, um die bestehenden Rangverhältnisse zu überprüfen und zu bestätigen, ist dementsprechend ganz normal. Und im genannten Kontext einer menschlichen Unaufmerksamkeit beim Führen ist das Anzweifeln der Führungsrolle aus Sicht des Pferdes das richtige Verhalten.

Daran kann man auch sehr schön zeigen: Pferde üben tagtäglich untereinander Druck aus. Somit ist Druck etwas völlig Normales für ein Pferd! Nur wie der Mensch Druck ausübt, damit kann das Pferd überfordert sein, deshalb überreagieren oder manchmal ignorieren.

KS-TIPP

Es ist für ein Pferd die natürlichste Sache der Welt, dem Ranghöheren, der kompetent und souverän ist, zu folgen und zu vertrauen. Bleibt der Ranghöhere in seiner Präsenz verlässlich und konsequent, wird das Pferd Rang und Position nicht weiter infrage stellen.

DRUCKARTEN

Druck wird oft negativ interpretiert. Druck ist für Pferde wirklich etwas ganz Normales und Alltägliches, es gehört zur Pferdesprache. Ohne Druck gibt es in der Tierwelt keine Kommunikation. Druck sollte emotionslos auf- und auch wieder abgebaut werden. Auf dieses Wechselspiel kommt es an. Druck ist eine gezielte Energie und hängt davon ab, wie viel Kraft hineingelegt wird, also wie stark ist ein Druck und was soll damit erreicht werden. Selbst wenn Pferde miteinander spielen, ist das eine Form von Druck. Scheuchen, Beißen, Drängeln. Man denke nur mal an eine wilde und verspielte Jungpferdeherde. Mit Druck können wir übrigens auch motivieren und überzeugen.
Kurz zum Nachdenken: Schon das Anlegen eines Halfters verursacht eine Art Druck.

→ gleichmäßiger Druck
→ rhythmischer Druck
→ direkter Druck = mit Kontakt
→ indirekter Druck = ohne Kontakt

PFERDE RESPEKTIEREN

Wir sollten uns auch fragen, wie unser Respekt unserem Pferd gegenüber aussehen sollte.
Charakter: Neben dem bereits erwähnten Respekt gegenüber den pferdischen Grundbedürfnissen gibt es noch den Respekt gegenüber seinem Grundcharakter, seiner Persönlichkeit oder, wie einer der bekanntesten Horsemen Pat Parelli es beschreibt, seiner „Horsenality“. Der Grundcharakter eines jeden einzelnen Pferdes bestimmt zu großen Teilen, wie wir mit ihm umgehen sollten und für welche Aufgaben es sich am besten eignet.
Wir teilen die Charaktere dabei grob ein:

— introvertiert
— extrovertiert

— left brain dominiert
— right brain dominiert
Daraus ergeben sich vier mögliche Erscheinungsbilder unserer Pferde.

In der Mitte der Grafik ist ein gut ausgebildetes Pferd im Einklang mit seinem Reiter. Das ist das große schöne Ziel. Auch wenn der Weg bekanntlich das Ziel ist. Ganz egal welchen Charakter ein Pferd hat, wir können es bis dahin bringen.
Die beiden obere Exemplare sind extrovertiert. Der extrovertierte Typ mit der dominierenden rechten Gehirnhälfte reagiert instinktiv und hat einen starken Fluchttrieb. Diese Pferde sind oft sehr emotional, eher zappelige Typen und neigen zur Anspannung. Die linksdominierenden Extrovertierten sind selbstsicher, verspielt, lustig und dominieren gern. Außerdem sind das die bekannten Kämpferherzen. Die Coolen eben.
Die beiden unteren Typen sind introvertiert. Wenn es left brain dominiert ist, ist es ein augenscheinlich träges oder stures Modell. Es ist aber tatsächlich schlau, ruhig, gelassen und fragt nach dem Sinn. Introvertierte right brain dominierte Pferde sind vorsichtig, zögerlich und bewegen sich unter Umständen langsam. Sie tendieren auch zum Verharren und Blockieren.

Kapazitäten: Wir sollten den Individualraum eines Pferdes respektieren und auch seine Möglichkeiten und Kapazitäten. Wenn es z. B. Übungen gibt, die es nicht machen möchte, sollten wir es respektieren und nach Wegen suchen, es zu befähigen. Dies bedeutet natürlich nicht, dass alle seine Grenzen für immer so bleiben müssen. Aber es ist wichtig, das Pferd an Aufgaben und Dinge zu gewöhnen, die neu sind, die ihm Angst machen, unangenehm oder langweilig sind. Auch Pferde können mit ihren Aufgaben wachsen. Superwichtig ist an dieser Stelle erneut mein KS-Leitsatz: „Erst fördern, dann fordern."
Ausbildung: Ein Pferd hat das Recht, ausgebildet und auf die jeweilige Aufgabe vorbereitet zu werden. Das geht nur Schritt für Schritt, in Phasen und in systematischen Abläufen sowie in dem Tempo, in dem das spezifische Pferd es lernen und leisten kann. Man darf es nicht überrumpeln und sofortigen Gehorsam einfordern. Hier muss mit Rücksicht und Verständnis vorgegangen werden. Wir sollten ein wohlwollender und kompetenter Lehrer oder Mentor sein, und nicht einfach nur der Chef. Das steht in untrennbarem Zusammenhang mit Respekt, Freundschaft und Beziehung.
Am Ende des Tages ist es das, was wir erreichen wollen: eine Partnerschaft und Freundschaft mit unserem Pferd, um gemeinsam eine tolle Zeit zu haben, egal ob im Reitsport oder im Freizeitbereich. Dafür aber muss der Respekt – auch wenn die Rollen oder Rangpositionen unterschiedlich sind – in beide Richtungen gehen.

TIPPS FÜR FÜHRUNG UND RESPEKT

- → Verbringe – genau wie beim Vertrauensaufbau – genügend gemeinsame Zeit mit deinem Pferd.
- → Zeige Souveränität, Ruhe und Gelassenheit, wann und wie immer du mit deinem Pferd umgehst.
- → Zeige deinem Pferd Grenzen auf.
- → Wende niemals Gewalt an, um etwas bei deinem Pferd zu erreichen.
- → Halte dich an deine Planung, sobald du mit deinem Pferd trainierst.
- → Fairness und Authentizität helfen dir, deine Ziele zu erreichen.
- → Überfordere dein Pferd nicht und verlange nur Aufgaben, die es leisten kann.
- → Stelle höflich Fragen an dein Pferd.
- → Schaffe Situationen, in denen du dein Pferd loben kannst.
- → Wenn dein Pferd aus deiner Sicht nicht richtig reagiert, hast du die falsche Frage gestellt.

ABSTAND EINHALTEN

Bei Problemen beim Einhalten von Abstand sprechen wir umgangssprachlich gern von Distanzlosigkeit. Wenn sich zwei Pferde begegnen, wird Folgendes abgecheckt: Wer darf wen zuerst berühren und wer darf in wessen Raum treten? Wir Menschen achten darauf meistens zu wenig, weil wir unserem geliebten Tier nah sein und Zuneigung durch Nähe, Anfassen und Streicheln zeigen und mitteilen wollen.
Das führt aber leider dazu, dass das Pferd lernt, dass es bei uns nicht auf Abstand, also nicht auf Distanz zu uns, achten muss – und das kann einem dann unter Umständen ziemlich auf die Füße fallen. Denn wenn dein Pferd keinen Respekt vor deinem individuellen Raum hat, wird es dich in stressigen Situationen vielleicht um- und anrempeln oder dir einfach auf den Fuß treten. Wir alle kennen diese Szenarien.
In komplexen Übungen wie in der Freiarbeit oder im täglichen Umgang kommt es schon sehr oft vor, dass wir einander sehr nah kommen. Das ist auch alles kein Thema, wenn es keine weiteren Probleme mit deinem Pferd gibt, du jederzeit den Abstand regulieren

kannst und das Pferd mit einem kleinen Zeichen einen Meter vor oder hinter dir zum Stehen bringen kannst.

— Als Orientierung für eine sinnvolle, beidseitig gültige Individualdistanz empfehle ich eine ausgestreckte Armlänge. In diesen Bereich sollte das Pferd nicht unerlaubt oder ungefragt hineinlaufen dürfen. Es sollte im Idealfall stehen bleiben und warten, bis du den einen fehlenden Schritt machst oder es durch dein Rückwärtsgehen zu dir einlädst, näher zu kommen.

01

02

01 Stopp! Hier stehe ich.

02 Wir denken uns eine Bubble um uns herum. Hier darf das Pferd nicht hinein.

03 Der Mensch entscheidet über Nähe oder Abstand. Also geht er zum Pferd und nicht umgekehrt.

03

KS-BEISPIEL: INDIVIDUALDISTANZ

In meinem Unterricht habe ich schon hunderte Male erlebt, welch großer Gamechanger es für die betreffenden Teilnehmer ist, wenn das Abstandhalten gelingt. Dafür muss der Mensch wirklich präsent sein. Grenzsetzung ist hier unerlässlich. Ein schöner Folgeeffekt ist, dass dein Pferd ruhiger, entspannter und zugleich aufmerksamer wird. In diesem Zustand wird es darüber hinaus umso leichter, auf das Pferd einzuwirken, weil es genau der ist, den es zum Denken braucht!

KS-STORY: WARMBLUTSTUTE

Eine Kursteilnehmerin kam mit ihrer Warmblutstute zum Wochenendkurs und hatte Ziele und Themen, die wir besprechen und auch bearbeiten sollten. Sie erzählte mir, dass sie gern mehr Kontrolle über ihre Stute hätte und dass sie sich wünschte, mehr von ihr wahrgenommen zu werden. Dabei berichtete sie von Situationen, in denen die Stute nervös bis hin zu kopflos war und sie dann kaum noch Einwirkung auf sie hatte. Die Besitzerin hatte jedoch das Gefühl, eine gute Beziehung zu ihrem Pferd zu haben, und bestand darauf, dass sie sich sehr liebhätten und ja ansonsten alles in Ordnung wäre. Sie hatte auch den Wunsch, sich gerne reiterlich weiterzuentwickeln. Wenn also an diesen beiden Tagen dafür noch Zeit bliebe, wäre das toll.

Während sie mir dies erzählte, standen sie, ihre Stute und ich auf dem Reitplatz. Die Stute tänzelte umher, blickte nach rechts und links, senkte ihren Kopf auf den Boden, um ihn dann wieder hochzureißen. Dazu kam, dass der Strick die meiste Zeit auf Spannung war und immer wieder Rucke am Halfter entstanden. Durch dieses Hin- und Herlaufen bewegte sich auch die Besitzerin, sie wechselte den Strick mal in die linke und wieder in die rechte Hand, drehte sich auch im Kreis, da sich ja ihre Stute um sie drehte.

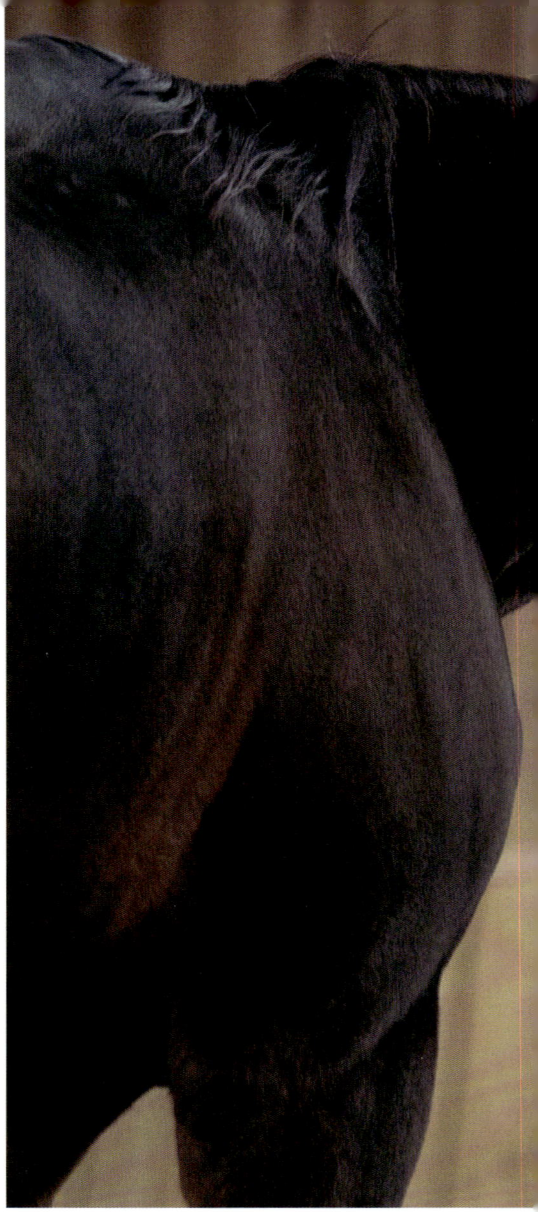

Ich war ständig auf dem Sprung, einzugreifen, hielt mich aber zurück und wartete ab, bis die Besitzerin mit ihren Schilderungen fertig war. Ich fragte sie, ob sie mir etwas zu der Situation sagen könnte, in der wir uns gerade befanden. Wie würde ein Beobachter es beschreiben? Nachdem wir also die Situation analysiert hatten, sah sie sie mit anderen Augen. Zudem hatte ich meiner Co-Trainerin signalisiert, dass sie mitfilmen

Freundliche Kontaktaufnahme versus ein In-den-Menschen-Reinpoltern. Das ist respektvolle Freundschaft.

sollte, und so konnte ich der Besitzerin die Szene zeigen. Ich erklärte ihr, welche Auswirkungen das Verhalten und die damit einhergehende Dynamik auf ihre gesamte Beziehung zu ihrem Pferd habe. Sie konnte gut sehen, wie gestresst ihr Pferd war und wie sie selbst wie ein Blatt im Wind am Führseil hing. Das Pferd wusste nicht, was es tun sollte. Es war einfach niemand da, der Grenzen setzen und Sicherheit bieten konnte.

Am Ende dieses Kurses meinte die Teilnehmerin glücklich, dass diese zwei Tage alles verändert hätten. Sie konnte auf einer Stelle verweilen, während wir konzentriert miteinander redeten. Das Pferd stand still und entspannt auf seinen vier Hufen, hielt den Kopf gesenkt, die Ohren auf Halbmast. Die Stute hatte einen Job – einfach stillzustehen, zu chillen und sich zu entspannen, bis es wieder weitergehen würde.

WAHRNEHMUNG UND ATMUNG

Die Atmung ist sehr hilfreich für die Kommunikation und Verbindung mit dem Pferd. Viele Pferdemenschen werden jetzt denken, dass das vielleicht doch etwas übertrieben ist. Aber das stimmt nicht. Wenn wir ruhig und deutlich atmen, nimmt das Pferd das genauso wahr wie ein gestresstes, schnelles Atmen in Kombination mit hohem Puls.

→ **Atmung** Schnelle Atmung bedeutet für ein Fluchttier nichts Gutes. Mit ruhigem Atmen kannst du hingegen Entspannung vorgeben und dem Pferd damit signalisieren, dass es sich entspannen darf. Das funktioniert wirklich und immer besser, je mehr Pferd und Mensch ein Team werden.

→ **Sichtfeld** Du darfst nicht vergessen, dass dein Pferd dich stets beobachtet und wahrnimmt. Auch wenn es wegschaut, sich scheinbar auf andere Dinge fokussiert oder einfach nur abgelenkt wirkt, sei dir immer bewusst, dass es dich trotzdem auf dem Schirm, auf seinem Radar, hat. Denn genau dazu sind

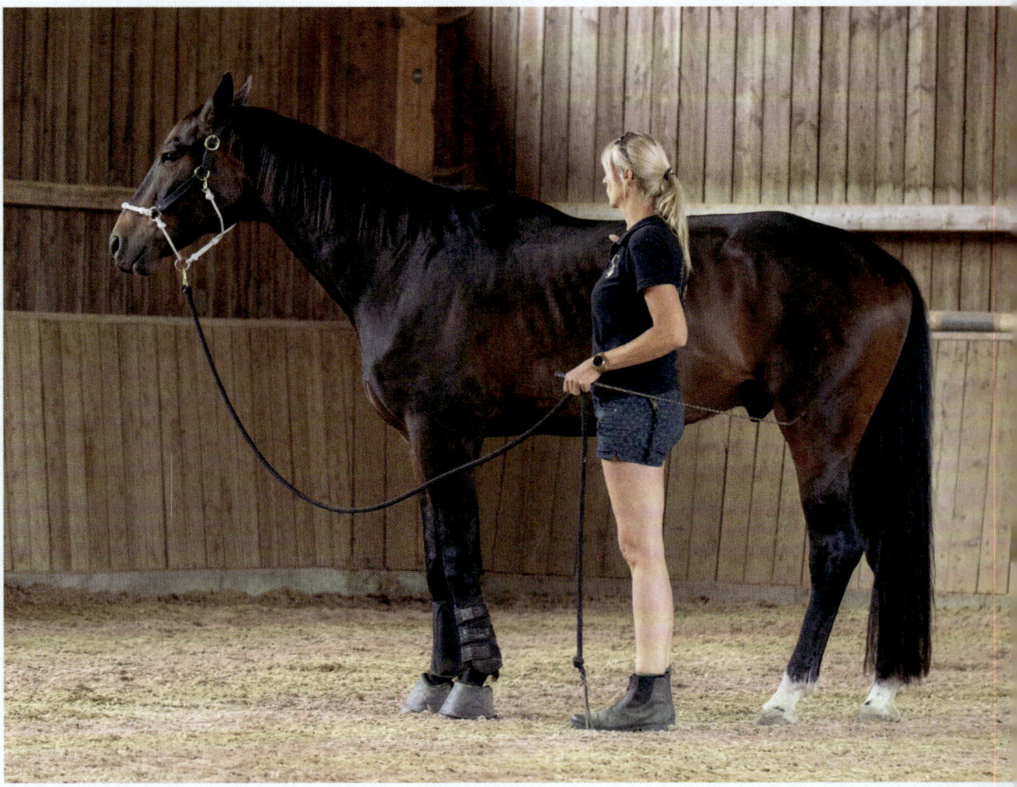

01

die seitlich gelegenen Augen bei einem Fluchttier da, die fast 360° überblicken. Auch die Ohren, die sich unabhängig voneinander bewegen können, helfen bei diesem „Rundumblick" und dabei, die Umgebung zu scannen und unter Kontrolle zu halten. Du musst daher nicht am Strick ziehen, wenn dein Pferd abgelenkt erscheint, um seine Aufmerksamkeit „zurückzuholen". Sie ist bereits bei dir. Je leiser du bist und je weniger Bewegung du zeigst, umso mehr muss sich das Pferd auf dich konzentrieren. So förderst du die Aufmerksamkeit deines Pferdes.

→ **Niemals ziehen!** Drehe den Oberkörper zum Pferd, tritt einen Schritt zur Seite oder gehe auf das Pferd zu. Sofort wird sich der Kopf deines Pferdes dir zuwenden, und schon hast du seine Aufmerksamkeit. Bitte ziehe aber nie am Strick! Und atme weiterhin ruhig ein und aus.

01 Das Pferd ist unser Spiegel. Wenn Pferd und Mensch aufeinander abgestimmt sind, sind sie ein Team. Angespannter Rücken und angehaltene Atmung

02 Rücken wieder rund, Atmung normal: entspanntes Führen und Folgen über eine Einladung zum Rückwärtsgehen

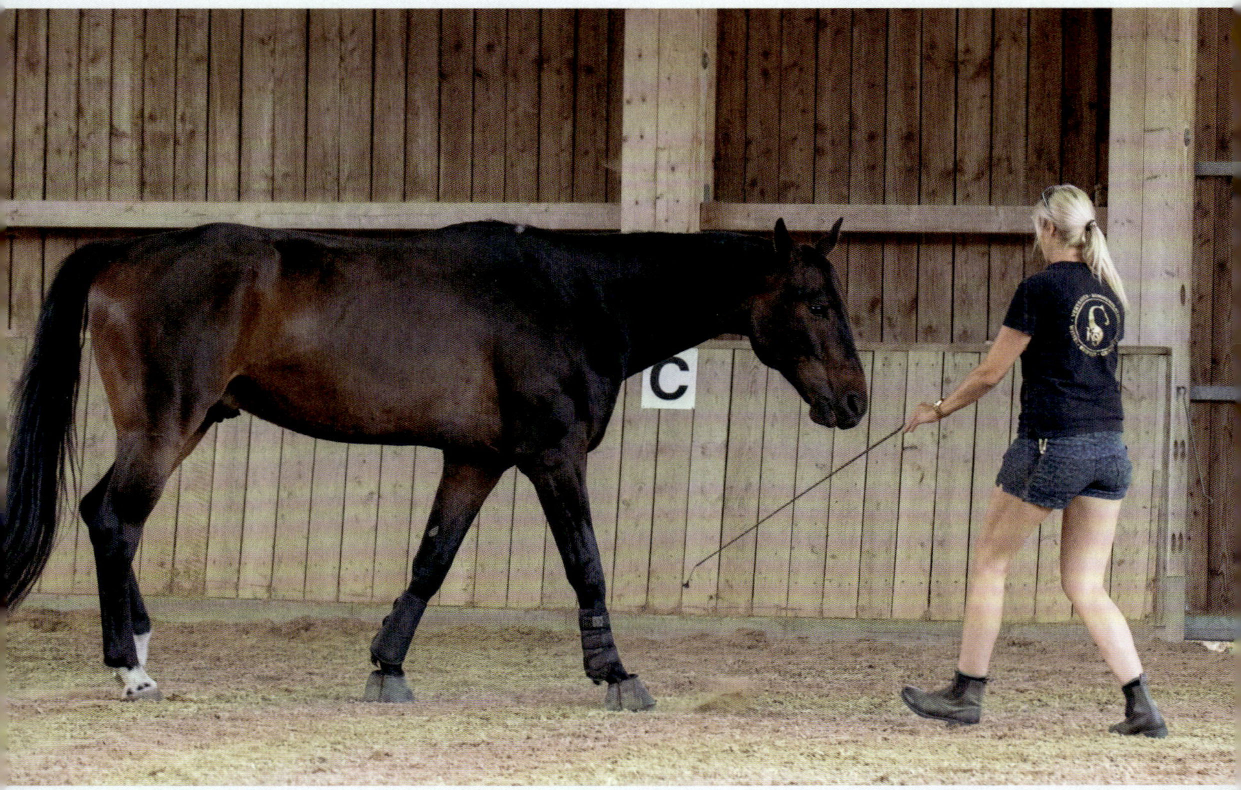

02

ENTSPANNTES STILLSTEHEN

Auf die Lektion des Stillstehens will ich hier eingehen. Wenn der Mensch seine Aufgabe erkennt und übernimmt, die Rolle für das Grenzensetzen und Distanzeinfordern übernimmt, ist das ein Gamechanger für die Beziehung und die Arbeit mit dem Pferd. Das Vermögen, ein Stillstehen klar und erfolgreich zu bewirken und als Job zu kommunizieren, ist die Grundlage für eine gute Ausbildung und einen darauf aufbauenden klaren und stressfreien Umgang mit unserem Freund und Partner Pferd. Auf dieser Basis baut alles auf, wie es auch mein geliebtes Motto sagt: „Der Weg zu einer Partnerschaft, der alles möglich macht." Der Kern liegt im Mindset des Menschen, das am Ende auch das Mindset des Pferdes beeinflusst. Wie schaffe ich es, dass mein Pferd stillsteht, solange ich das möchte?

- Das große Geheimnis heißt Korrektur und Standhaftigkeit. Das bedeutet, dass du auf deinem Platz, auf deinen „zwei Hufen" stehen bleiben musst. Sobald sich dein Pferd bewegt und losgehen möchte, musst du es wieder an seinen Platz zurückschicken. Egal wie lange es dauert und wie oft du deine Bitte wiederholen musst.
- Wichtig dabei ist, dass wirklich jeder einzelne Schritt korrigiert wird. Genau an dieser Stelle sehe ich das häufigste Problem, nämlich, dass viele Leute nicht die Geduld oder das Durchhaltevermögen haben, das wirklich konsequent und ruhig immer wieder durchzuziehen. Aber Konsequenz ist für den Erfolg unumgänglich.
- Als Handwerkszeug benutze ich hier das Seilende, die Gerte oder den Stick. Diese setze ich vor dem Kopf, vor der Stirnlinie, des Pferdes ein und nicht unter der Brust. Das Signal, der Reiz, ist vor den Augen des Pferdes viel deutlicher als am Hals oder an der Brust.

Der Druck darf nicht enden, bevor das Pferd reagiert hat.

Das Pferd möchte weitergehen. Ich bleibe stehen und schicke es dorthin zurück, wo es herkam.

Sobald es steht, wo ich es zum ersten Mal ins Halten gefragt hatte, senke ich Gerte und Seil ab.

— Natürlich sollte auch das Antippen an der Brust ganz wunderbar funktionieren. Am Anfang ist aber oft ein deutlicheres Zeichen vor dem Kopf hilfreicher. Wenn du ein Seil benutzt, wedelst du damit deutlich, groß, rhythmisch und ruhig vor dem Kopf des Pferdes. Wenn es in diesen Kreis hineinlaufen sollte, bekommt es den Strick natürlich ab. Das ist aber nicht wirklich schlimm. Das Pferd hat ja die freie Wahl. Wenn es in den Strick hineinläuft und nicht akzeptiert, weißt du, dass der Respekt nicht vorhanden ist, weder vor dem Strick noch vor deinem damit verlängerten Arm. Aber ohne klare Körpersprache und den Einsatz von Gerte und Seil zur Verlängerung deines Körpers, der bleibt, wo er ist, und der deinen Raum abgrenzt, hört das Pferd anfangs erst mal nicht zu. Du wirst sehen, dass das Pferd, wenn es merkt, dass das Seil nicht vor ihm weicht, schon sehr bald Abstand halten wird.

— Es ist wichtig zu wissen: Wenn das Pferd Stress hat, unruhig ist und seine Beine bewegt, erhöht sich sein Stresslevel noch weiter. Das Pferd produziert Adrenalin. Dadurch kommt es zu einer ungünstigen Endlosschleife von Stress und Adrenalinproduktion. Dies gilt es zu durchbrechen. Wenn du also die Kontrolle über die Pferdebeine erlangst, bekommst du gewissermaßen auch Kontrolle über die Gedanken des Pferdes. Nun gibt es natürlich auch weniger gestresste Pferde, die sich trotzdem im Kreis bewegen, nach vorne ziehen und weitergehen wollen. Mit ihnen muss man aber gleichsam vorgehen. Dieses für ein Fluchttier überlebenswichtige Hormonwechselspiel wird vom vegetativen (unwillkürlichen) Nervensystem organisiert, dem Sympathikus und dem Parasympathikus. Es kontrolliert und steuert lebenswichtige Funktionen im Körper.

— Jeder Schritt wird korrigiert und das Pferd soll dort zum Stehen kommen, wo du das erste Mal das Halten abgefragt hast. Möchte das Pferd losgehen, kommt Spannung in deinen Körper, deine Füße bleiben, wo sie sind. Du setzt kurz die Gerte oder das Seil ein. Das Pferd soll zurücktreten. Wenn es das tut, fährt deine Körperspannung herunter. Deine Schultern lockern sich, du atmest aus. Und zuletzt löst du deine Aufmerksamkeit, also deinen konzentrierten Fokus, vom Pferd. Nun darf es sich entspannen.

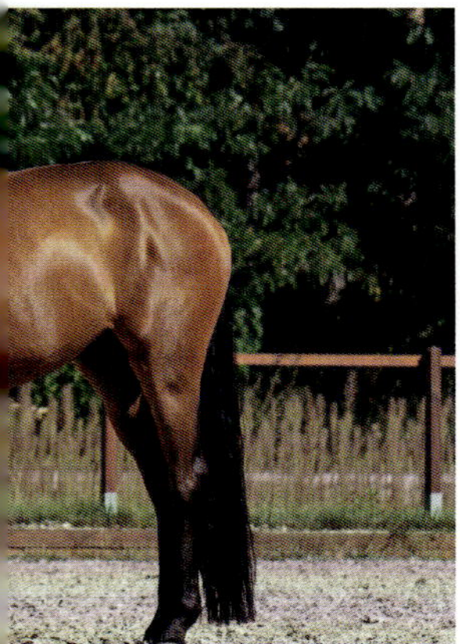

Nachdem es zur Ruhe gekommen ist und auf allen vier Hufen steht, gebe ich ein Signal zum Losgehen.

01

02

KS-TIPP
Videoanalyse: Lass dich mit deinem Pferd filmen und analysiere diese Aufnahmen ganz genau. Du wirst überrascht sein.

BEWEGEN DER VORHAND

Wie können wir die natürliche Pferdesprache nutzen, um uns nachhaltig Respekt zu erarbeiten? Neben dem Kommunizieren und Einfordern der Individualdistanz ist die Kompetenz, das Pferd zu bewegen, ein wichtiger Grundbaustein für Respekt. Was unbedingt klappen muss, ist, dass das Pferd ohne Kraft, ohne Drücken, ohne Schnalzen, ohne Reden, die Vorhand und die Vorderhufe zur Seite bewegt, sobald du dich auf den Hals zubewegst.

— Du benötigst eine gewisse Körperspannung, das versteht sich. Gehst du entspannt, weich und mit lockeren Schultern seitlich auf dein Pferd zu, braucht es natürlich nicht zu weichen. Mit fokussiertem Blick und klarem Schritt spürt das Pferd deine Energie und weicht dir seitlich und nicht nach vorne aus.
— Am Anfang wird es vielleicht noch nicht so gut klappen (lies dazu auch bei der Wendung der Hinterhand auf Seite 58 weiter). Dann darfst du natürlich gerne wieder deine Hilfsmittel dazu nehmen. Das sind die Gerte oder dein Seil.
— Wichtig ist aber, zuerst deine Körperspannung, deine Energie einzusetzen. Das ist unsere Phase 1. Erinnere dich, unsere süße, kleine Fliege von Seite 85. Damit sie ernst genommen wird, muss sie wahrscheinlich kurz zu einer Pferdebremse werden. Das heißt, du darfst rhythmisch mit deiner Gerte oder mit dem Seil den Hals des Pferdes berühren. Sobald es sich bewegt, hörst du auf, und gehst mit einer gleichbleibend hohen Körperspannung weiter.

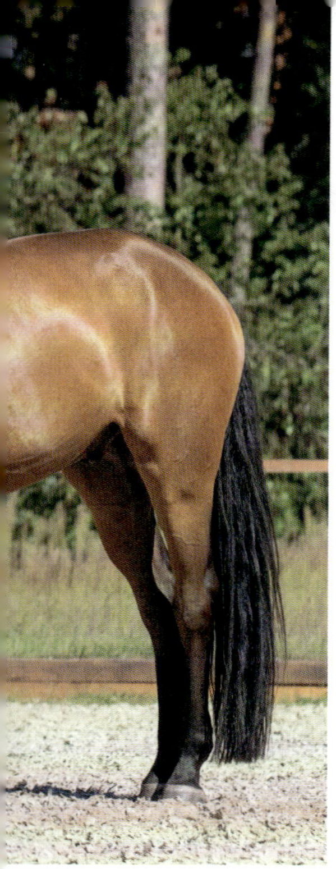

03

01 *Hand Richtung Kopf ausstrecken: einen Schritt auf das Pferd zu machen und dabei Spannung im eigenen Körper halten*

02 *Wenn sich das Pferd nicht bewegt, kann ich mit Hand oder Gerte Impulse an der Schulter/Schenkellage geben (Vier-Phasen-Prinzip). NICHT mit Kraft drücken wollen*

03 *Ich muss selbst weitergehen und das Pferd mit meiner pushenden Energie von mir wegbewegen können.*

— Troubleshooting an dieser Stelle: Das Pferd weicht nur nach vorne aus. Das darfst du schnell begrenzen. Nimm die Gerte nach vorne und blockiere dadurch das Pferd.

— Dann platzierst du die Gerte wieder an der Seite und forderst Schritte der Vorhand seitlich von dir weg ein. Du kannst anfänglich auch mit deiner Hand helfen. Das heißt, ein Finger ist locker am Halfter und überträgt leichten, begrenzenden Druck, sobald das Pferd nach vorne gehen möchte. Wenn das Pferd nachgibt und nicht mehr die Idee des Nachvorne-Gehens hat, wird dein Finger wieder locker und bleibt ohne Druck am Halfter.

— Hat dein Pferd verstanden und weicht mit der Vorhand seitlich, darfst du anfänglich nach jedem Schritt eine Pause machen. Deine Spannung geht also aus dem Körper, du atmest aus, die Schultern entspannen sich und du bleibst selbst stehen.

— Dann werden daraus bald zwei durchgehende seitliche Schritte, dann drei und mehr Schritte, bis du komplett einmal um die Hinterhand herumgekommen bist. Ich sage hierzu gern: „Vorne dreht, hinten steht.“ Wobei sich natürlich auch die Hinterbeine etwas seitlich bewegen müssen, um mit der Vorhand herumzukommen.

— Wenn eure Kommunikation stimmt, brauchst du nicht mehr die Hand am Kopf halten. Du deutest zum Hals deines Pferdes, es weicht mit der Vorhand seitlich aus und es dreht sich so lange, bis du langsamer wirst und stehenbleibst.

BEWEGEN DER HINTERHAND

Gleiches Ziel wie bei der Wendung der Vorhand, nur ist es eine andere Körperzone.

— Du gehst mit erhöhter Körperspannung und aufrechtem, klarem Schritt auf die Hinterhand deines Pferdes zu. Sie soll weichen, und zwar zur Seite. Nicht vorwärts und nicht rückwärts.

— Die Hinterhand lässt sich meist leichter bewegen als die Vorhand. Das liegt einerseits an der Anatomie der Hinter- und Vorhand sowie an der natürlichen Gewichtsverteilung des Körpers. 60 – 70 % des Gewichtes lagert auf der Vorhand. Um die Vorhand zu verschieben, also die Füße seitlich zu heben, muss sich das Pferd aus dem Rumpf heraus nach oben heben, um das Gewicht von der Schulter zu nehmen. Es ist also mehr Muskelkraft nötig und das ist wiederum etwas anstrengender, als einfach auf der ganzen Muskelmasse und dem Gewicht vorne stehen zu bleiben oder die mobileren Hinterbeine zu bewegen.

— Am Anfang wird auch dies vielleicht nicht gleich klappen, vor allem, weil das Pferd auch hier wieder nach vorne weg möchte.

— Wichtig an dieser Stelle: Bitte nicht mit einer herunterhängenden Hand einfach nur am Seil und damit den Kopf des Pferdes herumziehen. Dabei ist viel zu viel Kraft und Hebel im Spiel und das Pferd lernt, nicht reell die Hinterhand zu verschieben, sondern nur auf das seitliche Kopfwenden seine Hinterhand zu bewegen. Anders geht das rein biomechanisch gar nicht. Wird der Kopf nach

Ich gehe auf die Hinterhand zu, OHNE am Kopf zu ziehen.

links verschoben, geht die Hinterhand nach rechts. Und umgekehrt.

— Ich empfehle hier, die Hand, in der der Strick liegt, hochzuheben und den Strick darin locker liegen zu haben. Der Strick darf niemals durchgehenden Zug ausüben. Er darf nur kurz anstehen. Wenn das Pferd weg möchte, machst du die Hand kurz zu und das Pferd bekommt das Signal am Kopf. Es wird sich automatisch wieder dir zuwenden. Parallel gibst du mit einem Seilende oder der Gerte deine Impulse auf die Hinterhand.

— Der Ablauf folgt wieder unserem Phasen-Prinzip: Fliege, Mücke, kleine Pferdebremse, große Pferdebremse (siehe Seite 85). Sobald das Pferd die richtige Bewegung mit seinen Füßen macht, folgt direkt die Entspannung. Atme aus, lass die Schultern hängen, werde langsam und bleibe stehen.

Du darfst am Strick gegenhalten, falls das Pferd die Idee hat, nach vorne wegzulaufen. Denk daran: Das rechte und linke Hinterbein muss weich weichen können.

RÜCKWÄRTSRICHTEN

Ein Pferd lässt sich von Natur aus schwer rückwärtsrichten. Vom Sattel aus ist es meist noch schwieriger. Auch hier gibt es Ursachen, die mentaler und körperlicher Natur sind. Wenn ein Pferd vor einem anderen rückwärtsweicht, hat das mit Raummanagement zu tun. Seitliches Verschieben hat noch eine geringe Vorwärtstendenz und die Respektfrage ist nicht so eindeutig. Ein Rückwärtsschicken hat unter den Pferden dagegen eine sehr starke Bedeutung: Wer ist souveräner? Und dazu kann das zurückweichende Pferd hinter sich nicht sehen, was am Boden los ist.

Die andere Schwierigkeit hat mit dem Gebäude des Pferdes zu tun. Es ist für Pferde sehr anstrengend, den Körper nach hinten zu verschieben. An der Hinterhand sind große Gelenke, die im oberen Teil mit viel Muskulatur besetzt sind. Rückwärtstreten ist eine aufwendige Bewegung für Gelenke und Muskulatur, sodass sie niemals so geschmeidig verlaufen wird wie Bewegungen ins Vorwärts. Aber mit dieser Aktion klären wir, wer das Sagen über Raum und Zeit hat. Wir machen unser Pferd geschmeidig und weich.

Übe dich aber in Geduld und Verständnis und denke daran, dass Rückwärtsrichten eine Fleißübung ist, die dein Pferd über Wochen, Monate und Jahre besser werden lässt.

Rückwärts mit ganz leichtem Nasendruck, leicht wie eine Fliege. Auch mit einem Kaltblut ist das möglich.

Hier soll er über das Rückwärts aus meinem Raum heraus, auf eine Armlänge Mindestabstand.

Ich übernehme Führung und Verantwortung.

RESPEKTVOLLES FÜHREN

Ein Pferd führen. Das ist die einfachste Übung in unserer Pferdewelt. Also eigentlich. Sie sollte es eigentlich sein. Mein Coaching-Alltag sieht aber anders aus. Ich komme ja viel herum. Ich besuche Pferdeställe und Reitanlagen dieser Welt und sehe leider täglich Missverständnisse zwischen Pferd und Reiter, auch viele falsche Angewohnheiten. Jeder kennt die zwei Extreme: Entweder das Pferd, das den Menschen über den Hof zieht oder das Pferd, das sich hinter dem Menschen herziehen lässt. Beide Verhaltensweisen lassen sich sehr einfach und in kurzer Zeit verbessern. Man muss sich mit diesen Themen beschäftigen, nicht nur meckern oder sich letztendlich damit abfinden, dass das Pferd „eben so ist". Das Pferd agiert so, weil der Mensch nicht korrigiert. Das Pferd kann ohne Anleitung seinen Job nicht verstehen und ernst nehmen.

— Was muss ich beim Führen tun, wenn ich die Person am Seilende bin, die die Kontrolle über 600 Kilogramm haben möchte? Genau, die Aufmerksamkeit des Pferdes muss auf mich gerichtet sein. Das schaffst du am besten vor dem Pferd! Du musst wortwörtlich die Führung übernehmen. Das heißt, du musst vorangehen und „Herr der Lage" werden. Denn der, der vorn läuft, hat alles im Blick, hat einen Plan und weiß die Situation einzuschätzen.

— Du bringst mittels Hilfswerkzeugen, also Führstrick oder Gerte, das Pferd hinter dich. Wie wir wissen, darfst du nicht stehen bleiben, sondern musst weitergehen und über Signale das Pferd hinter dich leiten.

— Das geschieht völlig ruhig, ohne Hektik, ohne zu fuchteln, ohne Gewalt oder Stimme. Das ist deine Aufgabe.

— Es ist sinnvoll, häufige Richtungsänderung vorzunehmen, also einen dicken Frage-Antwort-Katalog einzubauen. Dadurch hat das Pferd keine Zeit, sich um die Umgebung zu kümmern.

Das Pferd hat die Idee, am Menschen vorbeizurennen. Der Mensch sollte hier das Pferd ausbremsen. Mit drehender Schulter sowie Seil oder Gerte. Und vor allem: schön langsam weitergehen. Schritt für Schritt. Damit das Pferd sich nicht reinsteigert.

KS-BEISPIEL: DAS ZIEHENDE PFERD

Wenn das Pferd unerlaubt vor dem Menschen läuft, durch seinen schnellen oder hektischen Schritt das Tempo vorgibt, ist das ein Zeichen für ungeklärte Umgangsformen zwischen Mensch und Pferd. Hier gibt es noch keine klaren Regeln.
Troubleshooting: Eine gebräuchliche Art und Weise, auf das Nachvorne-Ziehen zu reagieren, ist, dass der Mensch stehen bleibt, das Pferd am Halfter zurückzieht, mit Worten schimpft und nochmal kräftig am Seil schüttelt. Meist geht das Pferd widerwillig und auf viel Druck hin rückwärts. Sobald

der Mensch wieder los- und im normalen Schritt geht, wird das Pferd erneut nach vorne gehen. Großer Fehler ist also, das Anhalten im Stand korrigieren zu wollen. Es ist notwendig, dass die Korrektur während des Führens und im gewünschten Tempo des Menschen erfolgt. Ich gehe ganz entspannt mein Wunschtempo und korrigiere mit Gerte oder Seilende deutlich vor der Nasenlinie des Pferdes. Das Pferd soll nach hinten oder zumindest auf Höhe meiner Schultern ausweichen. Auch hier darf gegebenenfalls das Pferd berührt werden, wenn es die Gerte oder das Seil nicht akzeptiert und hineinrennt. Sobald das Pferd wieder an der von mir gewünschten Position ist, lasse ich Gerte und Seilende ruhen und gehe entspannt in meinem Tempo weiter!
Die erste Antwort des Pferdes sieht meistens so aus, dass es den Kopf in die Höhe streckt und seitlich ausweicht, ohne aber das Tempo oder die Position zu verändern. Meine Signale, also Gerten- oder Führseilimpulse, dürfen erst aufhören, wenn sich das Pferd sichtbar und spürbar hinter oder neben mir befindet. Ich „nerve" und begrenze so lange, bis es sich hinter mir eingefunden hat. Dann lasse ich es absolut in Ruhe, gehe mein Tempo und meinen Weg. Zur Erinnerung: Das Pferd will Ruhe, Harmonie und Führung und all das gebe ich ihm, wenn es hinter mir läuft.

KS-BEISPIEL: DAS PFERD, DAS SICH HINTERHER ZIEHEN LÄSST

Bei diesem Typ Pferd haben wir es einfach verpasst, die Bedeutung der treibenden Hilfe zu etablieren und es auf unseren Körper und die Bedeutung der damit einhergehenden Energie abzustimmen. Auch hier tun mir beide Parteien leid. Es ist unnötig und bringt beide Lebewesen in Stress.
Warum auch immer, der Mensch lässt sich tagtäglich auf dieses „tolle Ziehspiel" ein. Er wird jeden Tag schimpfen, dass Pferd möge sich doch bitte bewegen und etwas schneller laufen. Resultat ist, dass das Pferd seinen Kopf noch tiefer nimmt und noch langsamer geht. Der Zug am Führstrick wird immer größer und die geliebten 600 Kilogramm werden gefühlt immer schwerer. Schade. Es wäre so viel einfacher, wenn das Pferd seinen Job kennen würde. Stichwort: Synchronisieren. Erinnerst du dich an die Übung? Siehe Seite 90.
Wir brauchen unsere Hilfswerkzeuge, also Gerte oder Seil. Und ja, wir dürfen diese auch einsetzen. Geht das Pferd neben uns, wird die Situation angenehm und stressfrei. Wir gehen hier bitte wieder in den vier Phasen vor: Fliege, Mücke, kleine Pferdebremse, große Pferdebremse (siehe Seite 85).

01

02

01 Die Gerte ist innen und mein Oberkörper dreht sich leicht nach hinten, um das Pferd anzutreiben, sodass es auf meiner Höhe läuft. Benutze hier gern das Vier-Phasen-Prinzip.

02 Ganz wichtig: Lass deine Hand am Körper, denn sie darf das Pferd NICHT am Kopf nach vorn ziehen wollen.

Im Idealfall hältst du die Gerte in der äußeren Hand und tippst dein Pferd auf Bauchhöhe an. Sobald es reagiert und auf Höhe deiner Schulter ist, hörst du sofort auf. Wichtig: Du willst es natürlich nicht die ganze Zeit daran erinnern, dass es auf Schulterhöhe bleiben soll. Das ist oft ein großer Fehler im Alltag: Alle fünf Schritte wird das Pferd mit der Gerte berührt und regelrecht angebettelt, Schritt zu halten. Das Geheimnis besteht darin, es einmal mehr als nötig, unter Stress zu setzen. Du darfst also von Phase 1 direkt zur Phase 4 wechseln.
Hier würde ich empfehlen, die Gerte zum Pferd zu halten und den Strick in die Außenhand zu nehmen. Du darfst dich dann

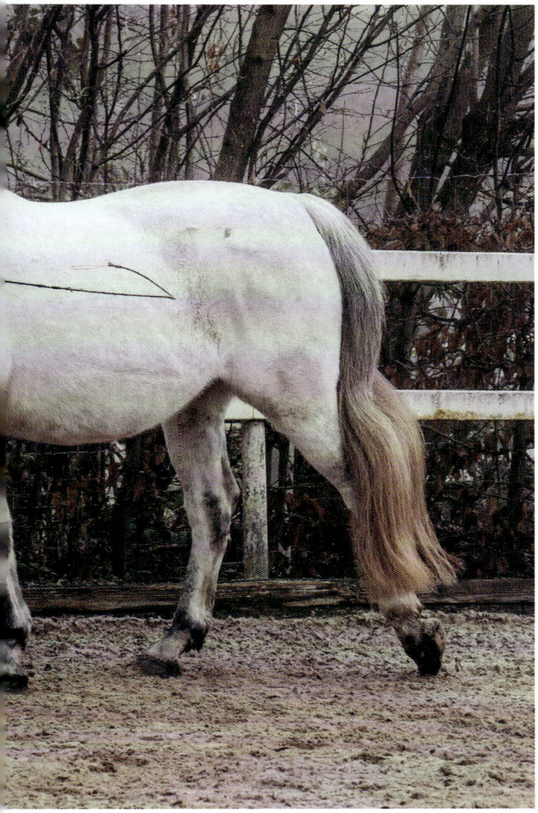

trotz des Vorwärtsgehens leicht zum Pferd drehen und es durch nervigen, stressigen Hoch-runter-Gerteneinsatz am Bauch in Bewegung versetzen.
Dein Pferd wird auf jeden Fall schneller werden, im Idealfall auch antraben. Das wäre super. Du drehst dich dann sofort um, lässt die Gerte absinken und trabst lächelnd und fröhlich mit. Wenn es dich überholt, lässt du das geschehen. Denn du freust dich sehr über die Reaktion und die Bewegung. Es wird eh bald langsamer werden und zurückfallen wollen, allein aus Routine. Aber über diesen wiederholten Ablauf wird dein Pferd seinen Platz neben dir an deiner Schulter und somit Ruhe finden.

KS-TIPP

Wir müssen dafür sorgen, dass sich das Pferd in unserer Menschenwelt zurechtfindet und durch klare Spielregeln und Grenzsetzung seinen Job kennt und weiß, wo und wann es sich bewegen darf. So können der grundsätzliche Umgang und die Grundkommunikation ganz leicht und fein werden. Versprochen.

TROUBLESHOOTING RESPEKT

Eine Gefahr kann es leider sein, dass es zu Missverständnissen kommen kann. Nicht alle unerwünschten Verhaltensweisen sind auf Mangel an Respekt zurückzuführen. Andere Gründe sind zum Beispiel auch Mangel an Training und Ausbildung oder auch versehentliches Verstärken des unerwünschten Verhaltens durch fehlendes Können, sowie Angst und Schmerz und Erkrankung.
Es geht vor allem darum, die Situation richtig einzuschätzen. Das ist das größte Problem. Denn manche Pferdebesitzer liegen mit ihrer Einschätzung falsch. Ihnen fehlen die unzählbaren Momente, wie wir sie als Trainer erleben. Mit diesem Erfahrungsschatz können wir für das Pferd handeln und ihm helfen, entweder Angst oder Unerfahrenheit des Pferdes zu überwinden, oder bei Übermotivation ruhig und klar die Grenzen aufzeigen. Auch wenn es um Schmerzen geht, ist Erfahrung sehr hilfreich.
Ich bitte an dieser Stelle sehr darum, immer ganz genau hinzuschauen, die Situationen genau zu analysieren und ruhig auch mal Meinungen von Dritten, von emotional unbeteiligten Menschen, einzuholen. Es gilt, zu lernen, ein Pferd genauestens zu lesen. „Lerne zu denken wie ein Pferd."

01

KS-BEISPIEL: ANGST ODER RESPEKTLOSIGKEIT?

Ein Alltagsklassiker ist die Verweigerung des Pferdes, durch Wasser bzw. Pfützen zu laufen. Jetzt kommt es darauf an, dass ich ehrlich zu mir und meinem Pferd bin: Habe ich diese Aufgabe mit meinem Pferd geübt? Oft wird die Verweigerung als Respektproblem gesehen und der Mensch wird wütend. Dabei ist es bei diesem spezifischen Pferd vielleicht schlichtweg Angst und Unsicherheit. Wir alle wissen: Pferde meiden unsicheren Untergrund aus der Gefahr heraus, zu stürzen und sich zu verletzen. Es fehlt hier vielleicht einfach die Ausbildung und das Vertrauen in die Führung.

Ein anderes Pferd erschreckt sich andauernd in für den Menschen unangenehmen oder gar unnötigen Situationen. Der Besitzer hält es für zart und ängstlich, ist ständig vorsichtig und auch nachgiebig mit dem „armen" Tier.

Der Hintergrund dieses Pferdeverhaltens ist aber oft mangelndes Vertrauen in die Führung und Kompetenz des Menschen und der daraus folgende mangelnde Respekt.

02

03

So verstärkt das zaghafte und unsichere Verhalten des Menschen die Tendenz des Pferdes, mit Fluchtverhalten die Entscheidung über die Situation zu übernehmen, gar überall nach Gründen zu „suchen", sich dem Menschen zu entziehen und die Kontrolle zu übernehmen. Beide Verhaltensbeispiele könnten aber bei anderen Pferden genau den je gegensätzlichen Hintergrund haben. Das sind die Feinheiten, auf die wir achten müssen, um Klarheit zu gewinnen, ob wir an Angst und Ausbildung oder am Respekt arbeiten müssen.

01 Schön, wie sich hier das Pferd mir zuwendet – und nicht bei der Unsicherheit weggehen möchte.

02 Ich ermutige das Pferd, den komisch aussehenden Untergrund zu untersuchen. Es bekommt dafür die Zeit, die es braucht.

03 Ich gehe gern vor und selbst auch durch die Pfütze. Cosmos macht es mir schön nach und bleibt nach wie vor mit seinen Gedanken bei mir. Das zeigt eine gute Basis von Mensch und Pferd.

KS-COACHING – THEMA RESPEKT

Was braucht das Pferd?

→ Sicherheit
→ Vertrauen in die Führung des Menschen
→ Klare Rangordnungsverhältnisse
→ Eindeutige Regeln und konsequente Botschaften und Signale
→ Tägliche Verlässlichkeit
→ Routine

Was braucht der Mensch?

→ Führungsqualitäten
→ 100%ige Aufmerksamkeit auf das Pferd
→ Klarheit, Verlässlichkeit und Konsequenz
→ Fähigkeiten, Raum und Distanzen zu bestimmen
→ Fertigkeiten, Equipment ruhig, klar und korrekt einzusetzen
→ Die Idee, altruistisch statt egoistisch zu sein
→ Den Wunsch, Situationen zu klären, ohne nachtragend zu sein

GRENZSETZUNG UND REGELN

WELCHE REGELN GELTEN FÜR MICH UND MEIN PFERD?

Die Kompetenz Grenzsetzung und, damit einhergehend, Regeln festzulegen gehört zu den fünf Säulen, die eine gute Beziehung zum Pferd und das Training ausmachen.

EIN WEITERER BAUSTEIN

Eine Beziehung ist gut, wenn das Pferd sie willig eingeht und wenn sie von beiden Parteien, also Pferd und Mensch, positiv erlebt wird – und sie dazu nachhaltig ist. Ein weiterer wichtiger Aspekt fehlt uns aber noch für die absolute Sicherheit und langfristige Tragkraft dieser Beziehung: das Bewusstsein für *Grenzsetzung*. Daran denkt man vielleicht nicht als erstes, wenn man über gute Beziehungen spricht, aber wie wir gleich sehen werden, sind klare Grenzen etwas absolut Positives, die man eigentlich in jeder Beziehung braucht, nicht nur zwischen Mensch und Pferd.

HARMONIE UND VERLÄSSLICHKEIT

Grenzsetzung in der Pferdeausbildung bedeutet letztendlich, sich auf das Etablieren klarer Regeln und Grenzen für das Verhalten des Pferdes zu konzentrieren. Dies fördert Respekt und Sicherheit mit dem Ziel einer vertrauensvollen Beziehung zwischen Pferd und Reiter. Denn die Sicherheit der Regeln sorgt für ein harmonisches und funktionierendes Miteinander, auf das sich beide Seiten verlassen können.

DAS FUNKTIONIERENDE SYSTEM

Auch wenn wir schon über einige Aspekte hier an anderer Stelle gesprochen haben: wir können über diese Grundthematiken nicht oft genug reden und uns darüber klar werden. Wiederholungen helfen übrigens nicht nur Tieren beim Lernen, sondern auch uns.

Emotionslos und freundlich Grenzen zu setzen und Freunde zu sein, steht nicht im Gegensatz zueinander.

Erst so werden die Wechselwirkungen zwischen Verständnis, Kommunikation, Respekt, Grenzsetzung und Vertrauen richtig deutlich. Mit Wiederholung und Übung in der Praxis entsteht dann ein System, das stetig unsere Ergebnisse mit unserem Pferd verbessert.

EIN LOB AUF GRENZEN

Das Wort Grenzen oder Grenzen setzen hat leider auch für einige Menschen einen negativen Beigeschmack – wollen wir nicht Freiheit, Entfaltung und ein Miteinander, „The sky is the limit"? Nicht ganz, denn wie bei so vielen Themen, die wir hier schon beleuchtet haben (positive Dominanz, siehe ab Seite 96), gibt es einen positiven Aspekt, den wir gern vergessen, und der für die Balance wichtig ist. Grenzen sorgen für Ordnung und sind eine Grundzutat für Klarheit, Schönheit und Harmonie. Grenzen bestimmen Formen und ihr Zusammenspiel in Mode, Design, Ästhetik, Musik. Eine Aussage ist besonders klar, wenn die Grenzen eindeutig sind, worauf sie sich bezieht und worauf nicht. Grenzen sorgen für Sinn und Wert: Bedeuten das Leben, die Jugend und die Schönheit, jeder gegenwärtige Moment nicht deshalb so viel, weil sie begrenzt sind?

Grenzenlosigkeit dagegen führt in Chaos, zu ständigen Reibereien und im Extrem zu Auflösung und Zerstörung. Übermaß und Ausschweifung zum Beispiel schädigen die Gesundheit, den eigenen Körper.

WICHTIGE ASPEKTE FÜR KLARE GRENZEN

- → Konsequenz: verlässlich und gleichartig reagieren
- → Timing: sofortige Rückmeldung auf Verhalten
- → Positive Verstärkung: Lob und Belohnung für gewünschtes Verhalten
- → Körpersprache: deutliche und ruhige Signale geben

„Konzentriere dich bitte auf mich." Dazu eignet sich die Übung „Kopf runter".

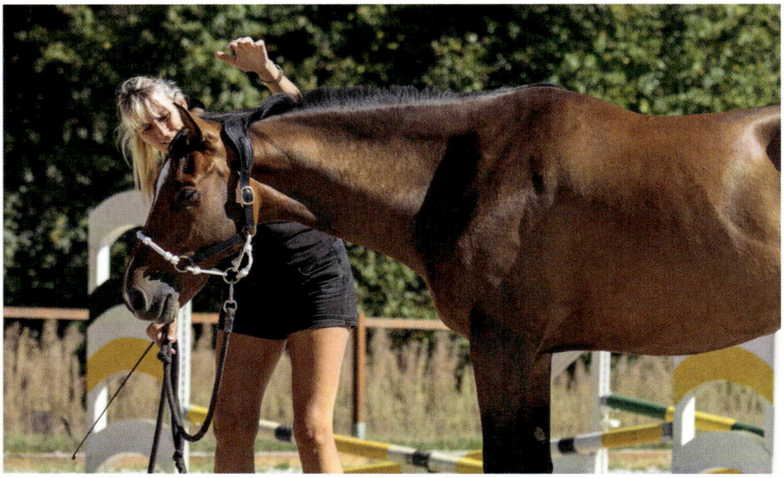

Die Grenze ist hier meine Hand. „Bitte respektiere diese Grenze. Gib diesem leichten Druck nach unten nach."

Der Kopf ist unten. Das Pferd entspannt sich sichtlich wieder. Das Auge ist klein und relaxt.

PFERDEN IN DER MENSCHENWELT HELFEN

Jetzt sollte es klar werden, warum Grenzsetzung auch im Pferdetraining eine besondere Rolle zukommen sollte. Sieht man Grenzsetzung als Hilfe ins Leben und erzieherische Orientierung für das Lernen und Zurechtkommen in einer bislang unbekannten Welt, müssen wir diese Verantwortung für das Pferd übernehmen.

Wir haben Pferde in die Menschenwelt geholt, und sind es ihnen schuldig, sie damit vertraut zu machen und ihnen dabei behilflich zu sein, zurechtzukommen – das heißt, sie entsprechend aufzuziehen und auszubilden. Erinnern wir uns noch, wie wir im Exkurs Gehirn (Seite 20) gelernt haben, dass Pferde eine eingeschränkte „Frontalhirn-Kontrolle" haben, und darüber hinaus ein Repertoire von Verhaltensweisen und Instinkten mitbringen, die in dieser Umwelt eher hinderlich sind. Das ist zum Beispiel, auf Druck mit Gegendruck zu reagieren, oder der stark automatisierte Fluchtreflex. Damit wird unsere Verantwortung noch klarer.

Wir müssen Pferden gerecht werden, indem wir ihnen die Grenzen, in denen sie sich entfalten können, so klar und schonend wie möglich beibringen. Sie sind dringend nötig, um Unfällen, Schäden oder Konflikten vorzubeugen.

GRENZSETZUNG NACHBESSERN

Jetzt denkst du vielleicht: Ja, aber mein Pferd ist ja schon „fertig" ausgebildet, kennt sein Fohlen-ABC, wurde von einem Trainer eingeritten oder Ähnliches. Das Thema betrifft mich nicht, denn Grenzsetzung und Erziehung ist nur für junge oder rohe Tiere wichtig. Thema erledigt?

Das mag sein, aber ein paar Grundlagen der Basisausbildung und Grundregeln im Alltag sind oft nicht so gefestigt oder funktionieren trotz allem nicht so gut, tagein, tagaus. An dieser Stelle sollte man die Klarheit und Nachhaltigkeit der Grenzsetzung nachbessern. Als Beispiele findest du die Beschreibung zur „Richtungs- und Tempokontrolle" ab Seite 140.

Aus den vergangenen Jahren meiner Trainer- und Ausbildungserfahrungen kann ich von vielen Fallbeispielen erzählen, bei denen es nach einer gewissen Zeit nach der Anschaffung des Pferdes mit dem Umgang oder dem Training irgendwie schlechter lief. Die Leute erzählten traurig, dass Dinge im Tagesablauf auf einmal nicht mehr so gut klappten. Darunter befinden sich oft Geländethemen. Beim Spazierengehen oder Reiten erschreckt sich das Pferd, wird draußen total unruhig oder will gar nicht mehr den Hof verlassen. Oder aber das Stillstehen am Anbinder oder am Führstrick wird schwierig.

All das könnte daraus resultieren, dass dem Pferd die bisherige stabile Führung vom Menschen fehlt. Es fühlt sich unsicher und sucht beim neuen Besitzer seinen Platz.

Das Verhalten, das das Pferd zeigt, definiert der Mensch oft als aufsässig, als unhöflich oder einfach als hibbelig. Das sind aber nur die Symptome der mangelnden Führung und Grenzen. Hier folgt eine mehr oder weniger schöne Geschichte zum Thema Grenzsetzung.

KS-STORY: WARMBLUTSTUTE

Es kam eine Kundin mit ihrer selbstgezogenen, großen, dunkelbraunen Warmblutstute in meinen Kurs. Die Besitzerin hatte sich im Vorfeld erkundigt, ob sie und ihre Stute für diesen Kurs geeignet seien und ob sie in zwei Tagen überhaupt etwas erreichen könnten. Als ich nachfragte, um welche Themen es ginge, merkte ich schon, dass es tatsächlich um ein krasses All-In-Paket ging, bei dem man komplett von vorne anfangen musste. Da die Frau aus dem Nachbarort kam und sich die Stute verladen ließ, empfahl ich ihr, am Kurs teilzunehmen. In meinen Camps lernen Besitzer auch, ihre Einstellung zu ehemals süßen kleinen Fohlen zu überdenken.

Das Pferd zeigt sich empört. „Bitte akzeptiere meine klare Körperhaltung und meine Geste mit dem Strick." Wichtig: Nicht am Seil ziehen!

Die Stute legte einen Umgang mit Menschen an den Tag, der sehr gefährlich war. Sie wusste, wie stark sie war. Die Besitzerin hatte Angst vor ihr und wich ihr aus. Hier bestand das Grundproblem in der Antwort auf menschlichen Druck. Die Stute ging auf Abwehr, sie biss, stieg und trat mit den Vorderbeinen zu und mit den Hinterbeinen aus, bösartig und gezielt. Die Besitzerin trug mehrfach Verletzungen davon, die sie auch ein paar Mal ins Krankenhaus gebracht hatten. Man konnte von Glück reden, dass sie keine weiteren Schäden davongetragen hatte. Die Stute war eine tickende Zeitbombe geworden.
Ich lernte die Stute genauso kennen, wie es die Besitzerin beschrieben hatte. Sobald man Druck machte, antwortete sie direkt mit aggressivem Verhalten. Sie schob mich mit der Schulter weg, legte die Ohren an, warnte mit der Hinterhand und schlug dann auch aus.

Die Veränderung

Am ersten Tag arbeitete ich, zur Erleichterung der Besitzerin, mit der Stute alleine und ließ sie nur zuschauen. Ich kommentierte jegliches Verhalten der Stute für sie und erklärte ihr, wie und warum ich dann so wiederum darauf reagierte. Bei dieser Art Pferd gilt es, vor allem am Anfang, jede kleinste Verhaltensweise, ob Gegenwehr oder ignorantes Verhalten oder aber auch gutes Verhalten, zu kommentieren und das Verhalten so zu lenken, wie wir es uns wünschen.
Beim Aufhalftern fingen schon die Probleme an, wobei sie den Kopf nach außen drehte oder hochnahm und einfach weggehen wollte. Ich musste also schnell sein, damit sie das nicht schaffte, musste dabei aber auch so passiv wie möglich sein, damit sie trotz meiner Klar- und Bestimmtheit bei mir blieb. Es ging dann darum, sich besser kennenzulernen, denn die Stute kannte vorrangig nur ihre Besitzerin als Bezugsperson. Dazu kam, dass ich das Gegenteil der Besitzerin war: groß gewachsen, klar, energetisch, nicht zurückhaltend, bestimmend und selbstsicher. Die Besitzerin war dagegen eine kleine, zarte und zurückhaltende Frau, die ihre sehr selbstbewusste Stute in den letzten vier Jahren

Durch Wiederholungen der präsenten, „lauten" Körpergesten lernen Pferde, sich schnell wieder zu entspannen und zu kooperieren.

nicht wirklich anleiten und bestimmen konnte. Das Stichwort ist an dieser Stelle die Fremdbestimmung. Hier lag das Übel. Als Nächstes war wichtig, Kontrolle über die Hinter- und Vorhand zu bekommen. Das war natürlich sehr gefährlich, denn so schnell und gekonnt, wie die Stute gegen Menschen ausschlug, war das auch für mich eine Herausforderung. Die große Schwierigkeit bei solchen Pferden ist es, durch Grenzsetzung und klare Umgangsregelung dem Pferd zu erklären, wie der Umgang mit dem Menschen sein sollte. Andererseits gilt es, die Motivation herzustellen und beizubehalten, mit den Menschen zusammenzuarbeiten und offen für eine Kommunikation zu bleiben.

In diesen zwei Tagen konnten wir natürlich bei Weitem nicht komplett die Welt der Stute, und auch nicht die Welt der Besitzerin ändern, aber es ging um einen großen Schritt in Richtung Umdenken.

Wie die Besitzerin schließlich selbst sagte, war es für sie sehr hilfreich, einen anderen Menschen mit ihrer starken Stute arbeiten zu sehen. Sie sah ihren Umgang mit neuen Augen und konnte ihre eigene Gefühlswelt überdenken. Ja, es ist oft schwierig, bei einem selbst gezogenen Pferd eine emotionale Grenze zu ziehen, Das Ziel der Besitzerin war natürlich, ein sicheres Reitpferd aus ihr zu machen. Wie leicht oder schwer diese Aufgabe ist, hängt einerseits vom Grundcharakter des Pferdes ab und andererseits vom Können des Besitzers. In diesem Fall hielt die Besitzerin eine kleine Gruppe von vier Pferden in Eigenregie. Die Mutter der Stute war schon seit vielen Jahren bei ihr, mit ihr gab es wiederum gar keine Schwierigkeiten. Verrückt, oder?

Sie gab ihre schwierige Stute nach unserem Kurs in einen professionellen Ausbildungsstall in ihrer Nähe, der nach Horsemanship-Prinzipien Pferde arbeitet, korrigiert und die Pferde trotzdem dressurmäßig ausbildet. Schön an dieser Stelle ist auch, dass die Besitzerin sehr viel Zeit dort verbrachte, oft zuschaute, viel lernte und zusammen mit ihrer Stute wachsen konnte. Ich bin sehr froh, dass sich Menschen eingestehen können, dass sie sich Hilfe suchen müssen, wenn sie Aufgaben alleine nicht gewachsen sind.

Ich sehe viele Pferdeleute, die ihre Pferde durch Ziehen vom Gras oder vom Futter wegholen wollen. Das Pferd wird dadurch immer stumpfer am Kopf.

RESPEKT DURCH REGELN

Grenzsetzung in der Beziehung und dem Miteinander auf Augenhöhe, also jenseits der Grunderziehung, heißt dann nichts anderes als das bewusste Wahrnehmen oder Entscheiden der Grenzen des persönlichen Raums sowie der klaren Kommunikation dieser Grenzen. Sie baut demnach auf dem gegenseitigen Respekt auf, der an sich erst mal etwas Abstraktes ist, das sich auf die ganze Person bezieht. Diesem fügt sie aber klar formulierte Regeln hinzu, für welche persönlichen Grenzen dieser Respekt im täglichen Verhalten konkret benötigt und eingefordert wird.

Alltag mit dem Pferd

Verlässliche Orientierung und das Vertrauenkönnen in unsere Aussagen sorgen für noch konkretere Sicherheit und Harmonie in der Mensch-Pferd-Beziehung und wirken quasi als „Schmiere", die Reibung und Konflikt vorbeugt oder auflöst.

Immer wenn wir uns Respekt vom Pferd wünschen, und auch wenn wir bereits eine Respektbeziehung etabliert haben und wissen, dass es uns vertraut und gern unserer Führung folgt, haben wir dennoch die Aufgabe, ihm die Details klar zu kommunizieren, welchen persönlichen Raum wir, eventuell auch in spezifischen Kontexten oder Situationen, beanspruchen, und welche Verhaltensweisen an unsere Grenzen stoßen oder diese übertreten.

Nur so ermöglichen wir dem Pferd, diese einzuhalten und sein Verhalten entsprechend zu beschränken. Je klarer wir das tun und je konsequenter wir sind im pferdegerechten Erklären unserer Regeln, desto mehr möglichen Konflikten und Problemen beugen wir vor. Wir müssen dem Pferd unsere konkreten Absichten erklären – auch wenn es uns grundsätzlich respektiert.

Wenn du das nachvollziehen kannst, verstehst du, warum es paradox scheint, aber nicht ist, dass dein Pferd durch Konsequenz nicht nur Grenzen und Regeln lernt und einhalten kann, sondern mit der Verlässlichkeit im Zusammensein auch entspannter und zufriedener wird.

KS-BEISPIEL: GRASEN GEHEN

Ein schönes Beispiel hierfür ist das ewig nervende Thema Grasen an der Hand beziehungsweise das „Zum-Gras-gezogen-Werden". Ein absoluter Klassiker! „Das Pferd folgt mir immer ganz brav, aber sobald es Gras oder eine Wiese sieht, ist es vorbei. Ich kann es nicht mehr halten." Hier gibt es verschiedene Möglichkeiten, damit umzugehen. Beliebt ist die Vermeidungstaktik: Der Mensch entscheidet sich dafür, dass er mit dem Pferd zusammen nie mehr zum Gras gehen darf. Wobei das meistens nicht 100%ig funktioniert, da das Pferd ja irgendwann herausfinden kann, dass es stärker ist. Daneben gibt es die zweite Möglichkeit: Mensch und Pferd treten in eine Kommunikation und es werden Regeln und Grenzen erarbeitet.

RESPEKTVOLLES GRASEN GEHEN

Wie wäre es, für das Grasen eine oder mehrere klare Regeln zu etablieren, die auf den Alltag und die Haltungs- und Arbeitsumgebung des Mensch-Pferd-Paars und zu den Bedürfnissen, Fähigkeiten und Persönlichkeiten passen?

Es gibt so einige Situationen, in denen es ganz praktisch ist, mit seinem Pferd grasen zu gehen. Zum Beispiel gibt es genug Ställe, die keine Koppeln haben und der Mensch mit seinem Pferd, sofern er das möchte, grasen gehen muss, damit sein Pferd auch mal diesem Bedürfnis nachkommen kann. Oder stellen wir uns ein Distanzpferd vor. Diese dürfen auf den langen Strecken rechts und links auf Maulhöhe fressen. Oder wir sind auf einem Wanderritt und wollen die Pausen auch für das Pferd angenehm gestalten, und es dann grasen lassen.

Ich achte darauf, dass das Pferd am lockeren Strick frisst, und gehe gegebenenfalls hinterher. Wenn ich über das Seil am Kopf Druck mache, soll das Pferd sofort reagieren, zurückkommen oder anhalten.

Der Trick: Regeln etablieren. Das Pferd bekommt ein Kommando, wann es fressen darf, und ein Kommando, wann es bitte aufhören soll zu fressen. Wenn es diese Kommandos respektiert und akzeptiert, weil der Mensch sie ihm entsprechend beigebracht hat, kann das Pferd immer angemessen reagieren.

— Ich leite die Situation so ein: Sobald mein Pferd fressen darf, rupfe ich ein paar Grashalme ab und gebe sie ihm. Ich zeige mit der Hand nach unten auf den Boden und sage mein Kommando: „Jetzt darfst du."
— Bevor ich diese Zeichen gebe, darf es nicht den Kopf senken und einfach fressen. Auch nicht, wenn wir mitten auf einer grünen, fetten Wiese stehen. Im Idealfall guckt das Pferd mich an und wartet auf meine Zeichen. Es ist also mit den Gedanken noch komplett bei mir und nicht schon beim Gras. Wenn das Pferd so fein ist und zuhört, macht es Spaß, zusammen grasen zu gehen, wie in einer richtigen Herde, oder? Was gibt es Natürlicheres für ein Pferd, als mit seinen Artgenossen grasen zu gehen?

01

02

03

01 Als Zeichen der Erlaubnis reiße ich etwas Gras ab und ...

02 ... gebe es dem Pferd mit ausgestreckter Hand.

03 Zum Losgehen zeige ich mit Seil, Gerte oder Hand in Richtung Rücken/Bauch. Falls das Pferd nicht reagiert und den Kopf hochnimmt, tippe ich auf den Rücken, bis es dies tut. Stichwort Vier-Phasen-Prinzip.

04 Ziel ist ein zeitnahes Reagieren und Loslaufen nach meinem Signal/Reiz. So wird kein Zerren, Ziehen, Schimpfen nötig.

- Bitte auf diese Details achten: Der Strick soll nie auf Spannung sein und das Pferd soll nicht mit Druck fressen – so stumpft es nämlich wieder für unsere Signale ab. Andererseits darf der Strick auch nicht auf dem Boden liegen, wo das Pferd darauf treten kann, sich erschreckt und den Kopf hochreißt. Wenn du an dieser Stelle kurz gezuckt und etwas einzuwenden hast, ist das komplett richtig: Denn, wenn du dein Pferd im Horsemanship-Sinne gut ausgebildet hast, ist es gewohnt, auch auf Druck am Kopf, im Genick nachzugeben, und wird sich eben nicht erschrecken und den Kopf hochreißen. Es wird den Huf gelassen vom Strick nehmen und ihn woanders hinsetzen. Das horsemanshipmäßige Druckspiel am gesamten Pferdekörper ist hier wieder ein KS-Tipp für einen entspannten, schlauen Umgang mit dem Pferd.
- Wie bekomme ich aber nun das Pferd wieder vom Gras weg? Ganz, ganz wichtig: Nicht ziehen! Entweder reagiert dein Pferd fein und nachgiebig auf einen ganz leichten Druck über den Strick auf das Halfter. Oder du machst mit deinem Seilende oder der Gerte ein Signal in Richtung Bauch. Hier hat es nämlich gelernt, über unser Vier-Phasen-Prinzip (Seite 85), dass es auf die kleine Fliege reagieren soll. Das entspricht dem Ohrenanlegen eines Herdenmitglieds. Wenn du 110%ig jedes Mal sofort und gleich agierst, wird sich dein Pferd an diese Regeln und an diese Grenzen halten, und ihr könnt in Zukunft ganz entspannt zusammen unterwegs sein – und es darf mal grasen und mal eben nicht. Das Kommando für das Ende des Grasens könnte ein Doppelschnalzer sein oder „Und auf geht's" lauten.
- Troubleshooting: Oft geschieht es leider, dass der Mensch die Regeln nicht 110%ig konstant in jeder Situation mit dem Pferd einhält. Mal darf das Pferd doch unerlaubt fressen und ein anderes Mal kriegt es dafür Ärger. So wird das System nicht funktionieren. Dein Pferd kann dich nicht ernst nehmen und es kann sich nicht auf dich verlassen. Denke an die Botschaft dieses Kapitels und sei dir bewusst, dass nur deine absolute Konsequenz bedeutet, ein guter und fairer Freund und Pferdemensch für dein Pferd zu werden!

04

Wenn das Pferd mich bedrängt, führe ich meine Hand/meinen Finger an seinen Kopf/seine Ganasche und lasse es durch leichten Druck von mir wegschauen.

AUS DER HAND FÜTTERN

Was gehört noch zu einer Grenzsetzung im Bezug auf den Grundumgang mit unserem Pferd? Mir fällt da noch das Füttern aus der Hand ein. Auch hier spaltet sich das Lager. Es gibt die Verfechter der Leckerli und die Leckerliverweigerer.

Mich findest du in der Mitte. Ich bin kein Gegner und auch kein Befürworter. Es hängt ganz vom Grundcharakter des Pferdes ab und auch von der Fähigkeit des Menschen, es gut und fair für das Pferd zu händeln. Es gibt Pferde, die werden durch Leckerlis so hektisch gemacht, dass man sie bei der Arbeit möglichst vermeiden sollte, denn sie lenken das Pferd nur ab und lassen es weder lernen noch zur Ruhe kommen.

Ein weiteres Szenario ist die Distanzlosigkeit, die bei ungeklärter Führungsrolle durch Leckerligeben verstärkt wird. Viele Trainer bekommen das sicherlich ganz wunderbar hin, dass das Pferd sie akzeptiert und respektiert und nicht aufdringlich wird, auch wenn sie Leckerlis einsetzen. Viele Besitzer sind an der Stelle aber schon ohne Füttern aus der Hand überfordert, weil ihr Pferd vielleicht regelmäßig ihre Führung infrage stellt. Kommt dann noch das Füttern von Leckerlis hinzu, hat der Mensch seinen Rang eigentlich völlig abgegeben, und viele Situationen werden vielleicht gar nicht mehr händelbar.

Immer wieder versuchen Besitzer, sich vom Pferd ihre Position und ihre Liebe über Leckerli und über Füttern „zu erschleichen". Das funktioniert aber nicht wirklich, das Resultat ist zu oft nicht real. Wer es schafft, dieses Buch wirklich von vorn bis hinten durchzulesen, dem wird es hier noch einmal sehr klar und verständlich aufgezeigt.

Andererseits können Leckerli dabei helfen, Ängste schneller zu überwinden und neue, verrückte Dinge zu lernen. Dabei denke ich an Zirzensik und Freiarbeit. Hier kann es sehr hilfreich sein und man kann durch diese Verstärkung schneller zum Ziel kommen.

Dafür muss aber die Basis und die Grundlage für unseren Grundumgang mit dem Pferd klar und stabil sein. Eins ist hierbei aber so unendlich wichtig. Und zwar, *wie* ich mein Pferd aus der Hand füttere.

- Regel Nummer 1: Nicht direkt an der Tasche und aus der Tasche an meinem Körper füttern. Das Pferd hat mit seinem Kopf eine Armlänge entfernt zu warten, bis das Leckerli zu ihm kommt. Das kann schon mal helfen, dass das Füttern aus der Hand eine ruhige und respektvolle Angelegenheit wird.
- Dazu führe ich den Pferdekopf mit meiner freien Hand weg von mir, anfänglich immer und immer wieder, und warte, bis es seinen Kopf ruhig und von mir weghält und abwartet. Ich komme dem Pferd dann mit meiner Hand, in der das Leckerli ist, entgegen. Meine Faust ist dabei noch geschlossen. Ich öffne sie erst und lasse das Pferd das Leckerli nehmen, wenn es nicht aufdringlich ist oder mit seinen Zähnen das Leckerli sucht.

KS-TIPP

Ich sage dir, diese Fütter-Übung wird ein Gamechanger. Du lernst einen freundlichen, ruhigen und respektvollen Ablauf. Und dann wird auch kein Trainer der Welt etwas dagegen sagen können, dass du bei deinem Pferd Leckerli einsetzt.

Erst wenn das Pferd seinen Kopf von mir abwendet und wartet, bekommt es das Leckerli.

01

02

KONTROLLE BEIM REITEN

Du solltest in der Lage sein, dein Pferd in alle sechs Richtungen zu bewegen: vor und zurück, links und rechts, hoch und herunter. Die Kompetenz der Richtungskontrolle gehört ganz klar zur Führungsqualität eines Leittieres.
Hier erlebe ich in der Praxis leider oft Unklarheiten, unnötigen Ärger und Stress. Das Ziel ist es, das Pferd am Boden sowie unterm Sattel gut steuern und kontrollieren zu können. Dazu braucht es Wissen, Technik, Struktur, Fähigkeiten und Gefühl. Ich kenne so viele gute Reiter, die mit ihren Pferden ganz wunderbar vom Sattel aus kommunizieren und ein Team sind, wo es am Boden aber zu Stress, Gezerre und Uneinigkeit kommt. Die umgekehrte Variante gibt es aber auch. Das sind Menschen, die sich mit ihren Pferden eine tolle Beziehung am Boden erarbeitet haben, es im Sattel allerdings noch nicht schaffen, da ihnen vielleicht das Wissen, die körperlichen Fertigkeiten und Voraussetzungen sowie folglich auch das Selbstbewusstsein fehlen.

NACHGIEBIGKEIT MIT MAUL UND KOPF

Im Kapitel Kommunikation auf Seite 58 habe ich die separate Vorhand- und Hinterhandkontrolle am Boden erklärt. Nun kommen hier die Nachgiebigkeit und Weichheit von Maul und Kopf hinzu. Das Pferd soll bereit sein, durch leichte Annahme des Zügels entweder durch den Druck auf die Nase oder über das Gebiss im Maul nachzugeben. Es soll nicht lernen, gegen den Druck anzugehen. Die Bereitschaft zur Nachgiebigkeit fängt im Stand an.
Ich mache oft einen anfänglichen Test mit neuen Schülern: Sie sollen mir zeigen, ob es ihnen gelingt, ihre Pferde im Stand zum Abkauen zu bringen, ob sie den Pferdekopf horizontal wie vertikal biegen können und ob ihr Pferd auch der Zügelhand folgt. Denn wenn diese Übungen nicht in Ruhe

01 Korrekte Hände- und damit Zügelführung sind das Allerwichtigste zusammen mit einem Gefühl für das Pferdemaul. Eine Korrektur, genau in den wichtigen Momenten, ist effektiv und wertvoll für beide. Sie kommen schneller ans Ziel.

02 Ziel: So wenig Druck wie möglich und ein schnelles Nachgeben des Pferdes. Kopf und Hals sollten dabei niemals eine Abwehrhaltung zeigen. Falls ja, muss ich an dieser Stelle mit dem Pferd daran arbeiten. Nicht einfach ignorieren und weitermachen.

funktionieren, wird es bei mehr Tempo noch weniger funktionieren. Manchmal hilft vielleicht kurzzeitig das Tempo, damit ein Pferd den Kopf nach vorwärts-abwärts streckt, aber reell trainiert ist das nicht.

— Wie funktioniert das über den Zügel? Ich beginne im Stand, die Zügel zu verkürzen, bis ich eine Verbindung spüre. Wenn ich den geringsten Versuch des Pferdes spüre, nachzugeben, lasse ich sofort die Zügel los. Das wiederhole ich unzählige Male, so oft, bis ich merke, dass das Pferd den Zusammenhang verstanden hat und auf das feinste Signal hin nachgibt. Erst im Maul, und dann mit Kopf und Hals. Wenn das Pferd diese Absicht verstanden hat, kann und muss ich natürlich diese Nachgiebigkeit und somit Anlehnung länger halten. Dann darf wieder Bewegung dazukommen. Ich muss jetzt ein Gefühl in den Händen entwickeln sowie ein gutes Timing bezüglich des Nachgebens, welches übrigens nicht mit einem Wegwerfen des Zügels verwechselt werden darf.

— Dies praktiziere ich also nun im Schritt, Trab sowie Galopp. So komme ich nach und nach zu dem Ziel, dass das Pferd bereitwillig im Maul nachgibt, den Kopf fallen lässt und schön durchs Genick läuft. Und das in allen Gangarten.

Für diesen Teilschritt in der Pferdeausbildung nehmen sich leider viele Menschen zu wenig Zeit. Vor allem in der Sportreiterei. Das erlebe ich regelmäßig in meinen Coachings. Aber es gibt News: Auch über Jahre aufgebaute und etablierte Muster können aufgebrochen und neu leicht etabliert werden. Maulfehler gehören zwar in die Kategorie „sehr schwierig und es braucht sehr viel Zeit", aber es geht. Klassische Reitlehrer lösen das Thema Anlehnung oft vorrangig über das Tempo und Am-Zügel-Gegenhalten, bis das Pferd hoffentlich irgendwann von selbst nachgibt. Die kleinen Teilschritte sind dafür jedoch viel besser geeignet, beginnend aus der Ruhe im Stand.

LENKEN OHNE ZÜGELEINWIRKUNG

Kannst du dein Pferd ohne Zügeleinwirkung, sprich ohne Lenkung über den Kopf, reiten? Baue dir hierfür mal ein Stangenviereck auf oder einen Kreis oder ein Viereck aus Hütchen und reite dein Pferd außen an diesen Markierungen entlang herum. Schaffst du es, sowohl links- als auch rechtsherum, ohne in die Zügel zu greifen? Im Schritt, im Trab und im Galopp wohlgemerkt. Dein Pferd sollte über die Schenkelhilfen kontrollierbar sein. Dies ist eine super Überprüfung, ob das Pferd den einseitig wirkenden Schenkel verstanden und akzeptiert hat. Wenn dies nicht der Fall ist, solltest du das schnellstens üben und verfeinern. Ziel ist es, jegliche Gegenreaktionen schnellstens aufzulösen und Weichheit und Nachgiebigkeit zu bekommen.

— Es ist wichtig, im Lot zu sitzen, nicht zu schwanken oder gar eine Seite mehr zu belasten als die andere. Sitze gleichmäßig auf deinen beiden Sitzbeinhöckern. Wenn du eine neue Richtung einleiten möchtest, lege ganz fein deinen äußeren Schenkel an, so wie eine kleine Fliege. Erinnere dich an unser Vier-Phasen-System (siehe Seite 85). Dies solltest du hier natürlich auch wieder anwenden. Du darfst bei Nichtreaktion, also bei Missachtung des Schenkelkontakts, zur Mücke übergehen und, wenn nötig, zur kleinen und dann zur großen Pferdebremse. Sobald auf diesem Weg eine Reaktion kommt, musst du sofort den Druck wegnehmen und das Pferd somit loben.

— Du darfst auch unterstützend den Stick einsetzen, der rhythmisch im selben Druck wie dein Schenkel einwirkt. Den Einsatz der Gerte kennt das Pferd von

KS-TIPP

In dem täglichen Zusammensein mit deinem Pferd ist deine Glaubwürdigkeit sehr wichtig! Wenn du eine Anfrage gestartet hast, musst du sie auch bis zum Ende durchziehen. Bis zu deinem eigentlichen Ziel, → inneres Bild, ausführen und dranbleiben. Sonst kann dein Pferd nicht lernen, dass du es ernst meinst, und Abläufe durch Routine abspeichern.

Richtungskontrolle mit durchhängenden Zügeln und einseitigem Schenkeleinsatz. Die Gerte kann seitlich am Hals eingesetzt werden.

Leichte Gewichtsverlagerung, rechter Schenkel, Gertengeste und ein Fingerzeig unterstützen die von mir gestellte Frage.

KS-COACHING – THEMA GRENZSETZUNG

Was braucht das Pferd?
→ Struktur
→ Ruhe
→ Klarheit

Was braucht der Mensch?
→ Souveränität
→ Durchhaltevermögen
→ Struktur
→ Technik
→ Fokus
→ Mut

der Vorhand- und Hinterhandwendung am Boden (Seite 58). Vorrang hat aber natürlich der Schenkel. Erst wenn das Pferd nicht reagiert, können wir mittels der Gerte die Wirkung verstärken.

Das ist wirklich eine gute Überprüfung, ob die Schenkelhilfe funktioniert, aber auch eine schöne Übung, um die Schenkelhilfe noch feiner zu etablieren. Denke dran, Routine ist alles. Ich empfehle immer wieder, sich die einzelnen Elemente des Reitens auch einzeln zu erarbeiten und zu verfeinern, um sie dann am Ende zusammenzubringen. Man spricht hier sehr schön von der „Sinfonie der Hilfengebung". Dabei soll dann alles ineinandergreifen und abgestimmt sein: die Sitzhilfen, die Schenkelhilfen, die Zügelhilfen, auch die Gertenhilfen, durchaus auch gut etablierte funktionierende Stimmhilfen und nicht zuletzt die eigene Energie.

VERTRAUEN UND VERLÄSSLICHKEIT

DEIN PFERD UND DU – EIN GUTES TEAM

Vertrauen. Das wünscht sich doch letztendlich jeder Einzelne von uns mit seinem Pferd. Doch zuerst müssen wir etwas dafür tun und dann bekommen wir es am Ende fast geschenkt. Auch hier ist der Beziehungsaufbau der einer menschlichen Freundschaft und Vertrauensbasis ähnlich, nicht wahr?

DAS GESCHENK DES VERTRAUENS

Nach den bisherigen Kapiteln, in denen ich vier wichtige Kompetenzen beschrieben habe, und in denen ich euch Übungen mit an die Hand gegeben habe, folgt jetzt das letzte Kapitel. Vertrauen ist der Preis und das Ergebnis für die gute und *tägliche* Arbeit, ein Pferdeleben lang.

Wie in jeder Freundschaft geht es auch bei Pferden darum, sich sicher und verstanden zu fühlen, einem Freund zu vertrauen und sich bei ihm entspannen zu können. Dieses Kapitel, und eigentlich dieses Buch, vermittelt die Idee, wie wichtig Vertrauen und Respekt in der Partnerschaft zwischen dir und deinem Pferd sind, und wie du beide Konzepte in deinem Alltag umsetzen kannst.

Stell dir einmal die Fragen, wie sicher sich dein Pferd bei dir fühlt und wie sicher du dich mit deinem Pferd fühlst. Eine starke Schulter, auf die man sich verlassen kann, wünschen sich beide Seiten. Unsere Pferde sind zwar von Natur aus mit einer starken Schulter ausgestattet, dennoch ist auf sie nicht immer Verlass.

Ein *Pferd ist und bleibt* ein Fluchttier. Dies ist tief in seiner DNA verwurzelt. Bei manchen Pferden reicht der Anblick eines flatternden Schmetterlings oder einer Tüte, und sie geraten völlig aus der Fassung. Andere reagieren auf einen Mähdrescher oder Traktor mit Panik oder kollabieren fast, wenn bei einem Ausritt hinter der nächsten Kurve ein Baumstumpf oder eine Heurolle auftaucht.

Auch wenn dein Pferd ein Fluchttier bleibt, so lassen sich dennoch seine Instinkte und seine Reflexe mit viel Training auf ein Maß bringen, welches auch für uns Menschen angenehm und sogar in einigen Bereichen sehr nützlich ist. Schließlich machen Arbeit und Umgang mit einem nervenstarken Pferd wesentlich mehr Spaß. Ein Turnier oder ein Ausritt mit einem Verlasspferd sind logischerweise deutlich entspannter, als mit einem Nervenbündel, bei dem ein aufgespannter Regenschirm genügt, um alles Gelernte zu vergessen. *Vertraut dir dein Pferd, ist dies ein großer Gewinn in Sachen Sicherheit.* Sicherheit ist ein wesentlicher Faktor im Umgang mit dem Pferd, den sicherlich auch du anstrebst. Deshalb ist Vertrauen so entscheidend für eine erfolgreiche Beziehung zwischen dir und deinem Pferd und auch für die Leistungen, die es später mal erbringen soll.

WIE BAUE ICH VERTRAUEN AUF?

Das Pferd als Herdentier ist in puncto Sicherheit ein Teamworker. Das erwartet es auch von dir, wenn du mit ihm arbeitest und seine Herde nicht in der Nähe ist. Hier kann ich wieder aus meiner Praxis berichten. Viele Pferdebesitzer treten mit der Frage und dem Problem auf mich zu, dass ihre Pferde im Gelände sehr unruhig sind, zu schnell werden, öfter mal durchgehen oder gar nicht erst vom Hof gehen. Mit anderen Pferden zusammen geht es manchmal besser, aber allein leider nicht. Bei manchen klappt es vom Boden aus schon gar nicht, manche schaffen es, spazieren zu gehen, aber sobald es ans Reiten geht, läuft nichts mehr.
Und genau hier sind wir im wahren Leben. Die Aussagen der Besitzer sind dann, dass das Pferd ihnen nicht vertraue oder dass das Pferd zu unsicher sei. Das ist natürlich völlig richtig. Hier muss das Thema zu Ende gedacht werden.
Kommen wir noch einmal zu unserem Hausbau von Seite 5 zurück. Wie ich sagte, wenn nur einer der fünf Pfeiler keine gute Bausubstanz hat, wird das Haus irgendwann einstürzen, denn die Stabilität stimmt nicht. Wir müssen also an der Stabilität unserer Kompetenzen arbeiten. Wir brauchen Wissen, Verständnis, Ruhe und Geduld. Der Mensch vertraut zu oft darauf, dass es „einfach gut geht". Ob das die Runde durchs Gelände, der Galopp in der Halle oder ein Verladetraining ist. Die Wahrheit ist aber, dass es kein Zufall sein darf, wie Erlebnisse, ob einfach oder schwierig, mit unserem Pferd ausgehen. Wir müssen wissen, was wir tun sollen in den Situationen. Und dabei spielen Techniken und Erfahrungen eine große, entscheidende Rolle.

Im Gelände zu sein, zu arbeiten und zu trainieren, dazu gehört viel Vertrauen. Von beiden Seiten. Auch wenn es am Anfang schwierig ist, dadurch ändert sich so viel.

Vorbereitet sein

Wir müssen darauf vorbereitet sein, wie das Pferd in den Momenten reagieren könnte, denn das ist Führung. Wir müssen fähig sein, das Pferd zu kontrollieren, sowohl in Richtung wie in Tempo. Wenn das Pferd Unsicherheit oder Unwissenheit signalisiert, müssen wir sofort „da sein", um zu helfen. Dann gilt es, dem Pferd zu zeigen, was es machen soll und ihm darüber Selbstvertrauen zu geben, damit es mutig und ruhig werden kann. Das Pferd muss einfach wis-

sen, dass es sich immer und überall auf uns verlassen kann. Pferde tun nie etwas aus Berechnung oder aus böser Absicht, sie reagieren instinktiv.
Ein sehr wichtiger Gedanke dazu ist, dass Vertrauen und Respekt in absoluter wechselseitiger Beziehung stehen. Das eine kann ohne das andere nicht existieren! Zumindest nicht, wenn wir eine gesunde Mensch-Pferd-Beziehung anstreben.
Weitere vertrauensfördernde Übungen oder täglich zu integrierende Abläufe wären zum Beispiel, mit dem Pferd Gelassenheitstraining zu machen, im Gelände zu arbeiten, Freiarbeit zu machen. Auch alle Arten von Engpassübungen sind wichtig, dazu gehört zum Beispiel das Verladetraining, oder auch, mit dem Pferd schwimmen zu gehen, im Straßenverkehr zu arbeiten und es straßensicher zu machen oder ihm die Angst vor Sprühflaschen oder Schermaschinen zu nehmen.

SPAZIERGANG IM GELÄNDE

Schauen wir uns doch noch einmal kurz die Geländesituation an. Hierbei spielt die Führposition eine sehr entscheidende Rolle. Wenn du mit deinem Pferd bereits intensiv gearbeitet hast, klappen die verschiedensten Positionen „im Wohnzimmer des Pferdes", also Reitplatz, Reithalle, wahrscheinlich sehr gut. Du kannst jederzeit die Positionen verändern, sie halten und sie in allen drei Gangarten einnehmen. Im Gelände ist es per se erstmal wichtig, dass das Pferd hier nicht vorangeht, sondern du die souveräne Führung übernimmst. Du weißt, was du tust, wohin du gehst, und du bist dir deiner Sache vollkommen sicher. Zu oft erlebe ich den Fehler, dass das Pferd vorangeschickt wird, mit dem Ziel, es selbstbewusster zu machen. Das geht aber zu oft nach hinten los, denn unsichere Pferde könnten sich immer weiter in ihre Aufregung hineinsteigern, werden noch unruhiger und zappeliger, fangen an zu rennen und wollen einfach nur noch nach Hause – in Sicherheit zu ihren Herdenmitgliedern auf vier Hufen.

Abseits des Reittrainings mit seinem Pferd Zeit am Boden und im Gelände zu verbringen, fördert eine gute Partnerschaft und die Pferde bekommen noch mehr Lust, mit dem Menschen etwas zu machen.

KS-BEISPIEL: PONY

Vielleicht kannst du dich an den Fall Felix aus der Sendung „Die Pferdeprofis" erinnern? Felix war ein Kleinpferd mit einem sehr hübschen Kopf. Die Besitzerin hatte mit Felix ein großes Problem: Jeder Versuch, ins Gelände zu gehen, war ein sehr gefährliches Unterfangen. Felix und seine Angst beherrschten die Situation. Er wollte so schnell wie möglich nach Hause – und das schaffte er auch, ob allein oder mit der Besitzerin auf dem Rücken, das war ihm völlig egal. Beim Spazierengehen riss er sich bei der erstbesten Gelegenheit los und rannte nach Hause.
Nachdem ich Felix kennengelernt hatte, war mir schnell klar, dass Felix' Charakter falsch eingeschätzt worden war. Leider hatte man der Besitzerin empfohlen, Felix Selbstbewusstsein zu stärken, und dazu gehörte, dass er im Gelände vorangehen sollte. Diese süß und keck dreinschauenden Augen sagten mir: Dieses Pony war nicht grundsätzlich schreckhaft oder unsicher. Felix war ein selbstbewusstes Pferd. Es hatten sich aber nach mittlerweile sieben Jahren falsche Muster eingeprägt, die aus Unwissenheit und Vertrauensverlust resultierten.
Felix wurde jedes Mal enttäuscht, denn sobald er Angst im Gelände bekam, konnte ihm sein Mensch nicht helfen. Er wurde sogar in eine Rolle gedrängt, die er überhaupt nicht erfüllen konnte. So dauerte es natürlich einige Tage, bis ich es schaffte, mit Felix auf den Reitplatz und in die Halle zu kommen. Der kleine, wendige Felix war in seinen Bewegungsabläufen so flink, dass es auch für mich nicht leicht war, ihn zu kontrollieren.

Ich etablierte zunächst die Hinterhandkontrolle und damit auch die Kontrolle über Kopf und Vorhand. Entscheidend an dieser Stelle war auch die Ausrüstung: Ich verwendete einen gut sitzenden Kappzaum, mit einer deutlichen Einwirkungsmöglichkeit auf die Nase. Ich schaffte es über Bewegung seines Körpers, durch Raumarbeit, dass Felix sich immer mehr auf mich als auf die Umwelt konzentrierte. Ich bestimmte Richtung, Tempo und Körperteil, hatte so seine Aufmerksamkeit und er fing an, weniger nach Dingen „zu suchen“, die für ihn eventuell „lebensbedrohlich“ sein könnten. Diesen Satz kennen wir doch alle: „Der sucht sich doch immer nur irgendwas zum Erschrecken, um mich zu ärgern.“ Noch mal: Pferde sind nicht manipulativ und kalkulierend. Wirklich nicht. So arbeiteten wir täglich an den ersten kleinen Schritten, und bald war es durch meine klare Führung kein Problem mehr, über den Hof zu gehen. Felix ließ sich immer mehr auf Führung ein und wurde zusehends ruhiger. So konnten wir unser Training irgendwann auch ins Gelände verlagern. Das Allerwichtigste war, dass Felix hinter mir gehen musste, um nicht das Gefühl zu bekommen, dass er für die Sicherheit aller zuständig war. Er durfte sich einfach hinter mir und der Besitzerin einordnen, wie in seiner Herde, ohne einen Job erfüllen zu müssen. Das war anfangs nicht leicht, denn er war das Voranstürmen gewöhnt und spulte dieses Verhalten ab. Ich konnte ihm durch Hinterhandkontrolle und durch Grenzsetzung vor seinem Kopf erklären, dass er nicht überholen durfte und dass er, sobald er sich hinten einordnete, von mir in Ruhe gelassen wurde. Ich ging mit ruhigen Schritten voran, straffte die Schultern, blieb aber trotzdem in entspannter Haltung und in absoluter Aufmerksamkeit.

KS-TIPP

Wir wollen immer so wenig wie möglich korrigieren. Das heißt, wenn wir die Situation früher überblicken, antizipieren und dem Pferd zeigen, was es tun soll, geht die Ausbi dung und auch die Korrektur schneller und entspannter vonstatten. Erinnere dich: Pferde müssen und dürfen Fehler machen, damit wir ihnen erklären können, was sie stattdessen tun sollen.

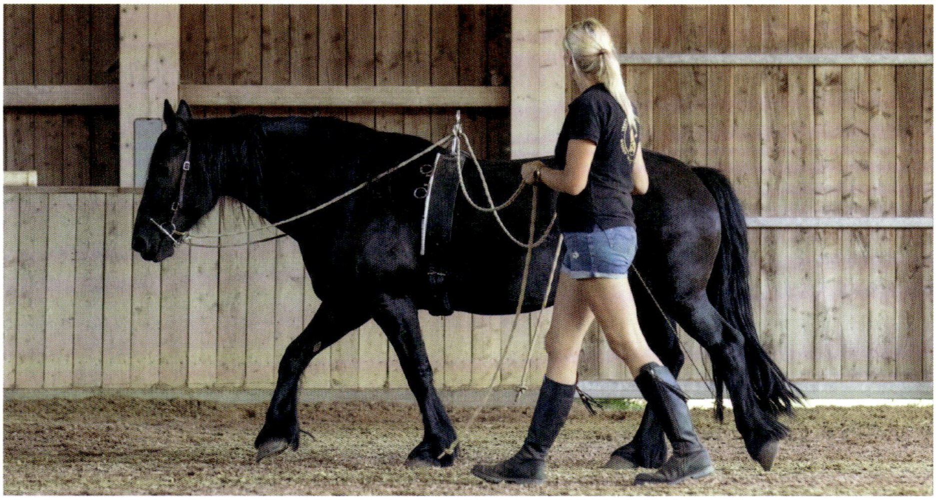

Die Grundlagen für das Fahren vom Boden aus lege ich immer in der bekannten Wohlfühlzone, also meist dem Reitplatz oder der Reithalle. Danach geht es Schritt für Schritt raus.

Ich liebe das Training im Gelände, vor allem die Arbeit am Langzügel oder wie hier, Fahren vom Boden aus. Toll für die Jungpferdearbeit oder bei Reitproblemen im Gelände.

Weiter mit Felix

Viel zu oft sehe ich, dass Menschen unentwegt an ihrem Pferd rumzuppeln, es hin und her schicken und mit der Gerte rumfuchteln. Sie korrigieren und setzen viel zu viele Signale und Reize. Das ist für einen ruhigen, harmonischen Grundumgang kontraproduktiv, denn es bedeutet für alle noch mehr Stress. Vor allem verliert das Pferd die Lust am Zusammensein mit den Menschen. Leider wird es nicht von selbst aufhören, unruhig zu sein, wir Menschen müssen ihm dabei helfen. Wie ging es mit Felix weiter? Was wir mit der Bodenarbeit und dann auch im Gelände mit Felix etabliert hatten, musste separat nun auch vom Sattel aus korrigiert werden. Da führte kein Weg dran vorbei, wenn man mit Felix irgendwann entspannt ausreiten wollte. Auch hier galt es auf dem Reitplatz, über Zügel- und Schenkeleinwirkung Kontrolle über Vor- und Hinterhand zu bekommen. Felix sollte sich auf seine Reiterin konzentrieren und einlassen. Durch seine „weltberühmten" Kehrtwendungen konnte er ohne Reiterin schnurstracks nach Hause und in Sicherheit rennen. Hier war also eine sehr gute und sattelfeste Reiterin notwendig, die rechtzeitig genug einwirken konnte. Zum Glück hatte ich mit meiner Co-Trainerin Nele eine sehr gute Reiterin dabei, die von der Statur her perfekt auf den kleinen Kerl passte und die Felix nicht so schnell von seinem Rücken bekam. Nele kannte sich mit schnellen und wendigen Pferden sehr gut aus, da sie seit einigen Jahren Galopper für die Rennbahn trainierte.

Aus Felix ist mittlerweile ein ganz, ganz tolles Reitpferd geworden und die Besitzerin musste ihn nicht weggeben. Sie konnte zusammen mit Felix lernen und sich einen anderen Zugang und Umgang erarbeiten. Ich bekomme öfter Fotos oder Videos von ihren Austritten oder von ihren Galoppaden über Stoppelfelder. Darüber freue ich mich immer sehr und bin sehr stolz auf die beiden.

Schreck- und Vertrauenstraining der anderen Art. Hier hat das Reitpferd zum ersten Mal Kontakt zu einer Pferdewippe.

ZEIT FÜR GELASSEN-HEITSTRAINING

Wenn wir an Gelassenheitstraining denken, sollten wir uns vor allem mit der Taktik „Annäherung und Rückzug" beschäftigen. Pferde brauchen natürlich Zeit, sich Dinge anzuschauen und sich damit auseinanderzusetzen, um mutiger zu werden. Dabei kann ein anderes Pferd helfen, welches schon routiniert mit angsteinflößenden Dingen ist, und vorangeht.
Man kann es aber auch als Mensch schaffen, mit dem Pferd in solch einem Training zu wachsen. Wichtig ist dabei, daran zu denken, dass das Pferd erst mal lernen darf, dass gruselige Dinge vom Pferd weg gehen können und dass es sie dann sogar jagen darf. So bekommen wir die Aufmerksamkeit der Pferde zu den Objekten, und sie merken schnell, dass es nicht schlimm ist.

— Hierbei ist ein entspannter, ganz ruhiger Mensch am Strick sehr hilfreich und das Pferd lernt im besten Fall, dass es zu nichts gezwungen wird, dass es sich Dinge anschauen darf und dass man sich spielerisch herantastet.
— Da wir die grundlegenden Basisübungen mit unserem Pferd schon erarbeitet haben, wird diese Basis hier auch direkt angewendet. Wir haben also leichte und feine Kontrolle über Hinter- und Vorhand, können das Pferd leicht in die Gangart schicken und ganz leicht und freundlich das Tempo auch wieder rausnehmen.
— Wichtig bei der Herangehensweise bei all diesen Dingen ist es, zu merken, wann das Pferd in den Denkmodus kommt und weg vom Fluchtreflex. Denn dies ist genau der richtige Zeitpunkt, um sich vom Objekt der Angst zu entfernen, und es somit zu bestätigen.
— Hier ist auch wichtig, dass wir nicht jedes Mal hoffen, dass wir es schaffen, daran vorbeizugehen, und es so einfach „ganz schnell hinter uns bringen" wollen. Ich empfehle hier, sich länger an Ort und Stelle damit zu beschäftigen. Denn eigentlich ist es sehr leicht, dem Pferd hier die Unsicherheit oder auch Angst zu nehmen, wir müssen uns das nur jedes Mal direkt erarbeiten.
— Das Pferd wird durch uns mutiger und selbstsicherer und sein Vertrauen in uns wird riesengroß. Komplett falsch ist es, an dieser Stelle immer nur mit Druck (z. B. am Schenkel) zu reagieren und mit dem Pferd sogar noch zu schimpfen. Das Pferd verliert das Vertrauen, weil wir es in eine nicht machbare Situation schicken.

Wichtig: Anfangs keinen Druck machen. Viel mehr das Interesse wecken. Das Tempo bestimmt hier jedes einzelne Pferd selbst!

Die Pferde untersuchen meist zuerst mit den Hufen den etwas anderen „Boden". Sie müssen also gern schnüffeln und scharren.

Man geht entspannt und mit ruhigen Schritten um das komische Objekt herum, dabei immer näher heran und auch darauf. Ich gehe gern zur Orientierung und als Führung zuerst auf die Wippe. Pferde sind sehr gut im Nachahmen. Also nutze ich das.

KS-BEISPIEL: UNSICHERHEIT ÜBERWINDEN

Betrachte dich mal mit den Augen deines Pferdes. Dein Auftreten, deine Körpersprache erzählen deinem Pferd ganz viel über dich. Wenn du ein eher unsicherer Mensch bist, ist das kein Grund zu verzweifeln. Ein Pferd kann zwar Angst riechen, jedoch kannst du dies wieder wettmachen, indem du dein Auftreten veränderst. Wenn du trotz deiner Unsicherheit sicher, aufrecht und bestimmt deinem Pferd gegenübertrittst, nimmt es dies als guter Beobachter wahr – und dein Unterbewusstsein registriert dies auch und du veränderst dich mit der Zeit.

BADEN

Warst du schon mal mit deinem Pferd im See baden oder vielleicht sogar im Meer? Auch das sind vertrauensbildende Maßnahmen, immer wieder vorausgesetzt, wir arbeiten auch an allen anderen Kompetenzen. Viele Pferde wollen ja nicht durch Pfützen laufen, oder trauen sich die ersten Male nicht in einen See oder ins Meer mit leichtem bis starkem Wellengang.
Wie du sicherlich weißt, ist es für ein Fluchttier das Schlimmste, dass seinen Beinen etwas passiert oder dass es hinfällt. So ist es natürlicherweise immer darauf bedacht, auf sicherem Boden zu laufen. Durch die spiegelnde Oberfläche einer Pfütze oder eben

01

02

eines Sees können Pferde nicht einschätzen, was sich darunter befindet. Hier sehe ich leider oft Reiter, die mit ihren Pferden vom Sattel aus kämpfen, dass ihr Tier durch die Pfütze läuft.

— Ich kann dir nur empfehlen, dieses Thema ganz entspannt vom Boden aus mit dem Pferd zu erarbeiten. Seine Anerkennung und sein Vertrauen in dich werden dadurch viel mehr wachsen, als wenn du es von oben, durch meist eh schon zu viel Druck, versuchst, durch die Pfütze zu manövrieren.
— Wir können uns auf diese Situation vorbereiten und nutzen jeden Regentag, um mit Gummistiefeln und einer längeren,

KS-TIPP

Comfort spots sind Stellen oder Situationen, die sich das Pferd erarbeiten möchte, da es dort eine Pause, eine Streicheleinheit oder auch ein Leckerli bekommt. So wird es nach und nach merken, dass sich die Pfützen sogar lohnen, und wird immer mehr dorthin „denken" und dann auch von sich aus hingehen wollen.

03

01 Wenn Angst oder Respekt vor Wasser der Vergangenheit angehören, kommt der Spaß für Mensch und Pferd.

02 Zwei Pferde unterstützen sich mental noch mal besser, sie sind schneller entspannt und können Spaß und Abkühlung genießen.

03 Solche Unternehmungen schweißen Menschen und Pferd extrem zusammen! Meine klare Empfehlung für die Beziehungsarbeit mit einem Pferd und zur Abwechslung im Trainingsalltag.

dickeren Gerte oder einem Bodenarbeitsstick bewaffnet, Pfützen zu suchen. Hier können wir jetzt schön entspannt auch auf dem Reitplatz üben. Unser Pferd wird über Körpersprache, also Vor- und Hinterhandkontrolle, um die Pfützen herum gearbeitet. Nach und nach kommen wir spielerisch den Pfützen immer näher, und im Idealfall landet mal ein Pferdehuf, wie durch Zufall, im Wasser. Wir hören sofort auf, das Pferd zu schicken, machen eine Pause und belohnen es. Sprich, wir bauen an und dann später in der Pfütze einen Comfort spot ein.

— Sind wir das erste Mal an einem See, gehen wir ähnlich taktisch klug vor und senden so wenig Druck wie möglich. Denn auch das sollte wieder kein Kräftemessen werden! Lassen wir uns also auf keine Ziehspiele ein! Wir lassen das Pferd ankommen und sich mit der Situation beschäftigen. Wichtig ist, dass das Pferd das Schicken kennt, also den Druck mit dem Strick oder einem langen Seil Richtung Hinterhand. Viele versuchen, nur über starkes Ziehen am Halfter das Pferd regelrecht in den See zu ziehen.

— Erinnere dich: Nicht ziehen! Falls es ein Pferd über einen leichten Zug am Halfter Huf für Huf nach vorne ans Wasser oder sogar ins Wasser bringt, ist das natürlich total in Ordnung. Sobald ich aber Kraft aufbringen müsste, empfehle ich, damit aufzuhören, und über ein Schicken von hinten weiterzumachen. Wir schaffen es also, dass das Pferd einen Fuß nach vorne bringt, hören mit dem Schicken auf und lassen es wieder entspannen. So tasten wir uns Huf für Huf ins Wasser voran.

— Natürlich ist es noch einmal viel leichter, wenn du einen Pferdekumpel dabeihast, welcher problemlos ins Wasser geht, also einfach vorangeht, dein Pferd erstmal zuschauen kann und sich dann traut, hinterher zu gehen. So lernt dein Pferd, dass es nichts Schlimmes ist, da der Rest der Herde schon im Wasser steht.

— Ich sage dir, wenn die Pferde einmal gemerkt haben, wie angenehm das kühle Nass, vor allem im Sommer, ist, wollen die meisten gar nicht mehr raus. Das wird die ersten Male natürlich nicht direkt der Fall sein. Aber je öfter du in den Genuss kommst und mit deinem Pferd baden gehen kannst, umso wohler wird sich dein Pferd auch am und im See fühlen. Es wird immer entspannter in Bezug auf Wasser und wird es dann auch als angenehm empfinden und es jedes Mal entspannt mitmachen. Pferde sind halt absolute Sicherheits- und Routinetiere.

KS-COACHING – THEMA VERTRAUEN

Was braucht das Pferd?

→ Sich auf Menschenführung verlassen können
→ Nicht in Situationen geschickt werden, die es nicht allein bewältigen kann
→ Manchmal Pferdekumpels als Vorbilder

Was braucht der Mensch?

→ Wie immer: Führungsqualitäten
→ Absolute Auffassungsgabe und Aufmerksamkeit, was das Pferd in einer Situation braucht
→ Voraussicht, damit mögliche Angstsituationen in Ruhe vorab geübt werden können
→ Mut, eigene Unsicherheiten zu überwinden

SERVICE

NÜTZLICHE ADRESSEN

Aguilar Natural Concepts
www.aguilarnaturalconcepts.com

Brandenburgisches Haupt- und Landgestüt Neustadt
www. neustaedter-gestuete.de

Die Online-Reitschule
www.wehorse.de

Die Pferdeprofis
www.plus.rtl.de

Eschbach Horsemanship
www.eschbach-horsemanship.com

mrs. Ride
www. mrsride.de

Natürlich füttern wie die Profis
www.inropharm.de

Pferdeosteopathische Ausbildung
www.welter-boeller.de

The Gentle Touch
www.thegentletouch.de

Sibylle Wiemer Akademie
www.sibyllewiemer.de

Vetmeduni Veterenärmedizinische Universität Wien
www.vetmeduni.ac.at

REGISTER

BILDNACHWEIS

Mit 138 Farbfotos von Jessica Freymark/KOSMOS, 7 Farbfotos von Anna-Luise Zeller (Seite 122, 124, 125, 140, 141) und 3 Farbfotos von Katja Schnabel (Seite 76, 77, 95).
Mit 18 Illustrationen von Nadja Hartlieb.

IMPRESSUM

Umschlaggestaltung von GRAMISCI Editorialdesign/Isabelle Fischer, München unter Verwendung von zwei Farbfotos von Jessica Freymark/KOSMOS.

Mit 148 Farbfotos und 18 Illustrationen.

Alle Angaben in diesem Buch erfolgen nach bestem Wissen und Gewissen. Sorgfalt bei der Umsetzung ist indes dennoch geboten. Der Verlag und die Autorin übernehmen keinerlei Haftung für Personen-, Sach- oder Vermögensschäden, die aus der Anwendung der vorgestellten Materialien, Methoden oder Informationen entstehen könnten.

Unser gesamtes Programm finden Sie unter **kosmos.de**.
Über Neuigkeiten informieren Sie regelmäßig unsere Newsletter, einfach anmelden unter **kosmos.de/newsletter**

Gedruckt auf chlorfrei gebleichtem Papier

Pfizerstraße 5 – 7, 70184 Stuttgart
kosmos.de/servicecenter

ISBN 978-3-440-17858-4
Redaktion: Gudrun Braun
Gestaltungskonzept: Peter Schmidt Group GmbH, Hamburg
Gestaltung und Satz: Atelier Krohmer, Dettingen/Erms
Produktion: Claudia Frank
Druck und Bindung: Westermann Druck Zwickau GmbH, Zwickau
Printed in Germany/Imprimé en Allemagne

FSC
www.fsc.org
MIX
Papier | Fördert gute Waldnutzung
FSC® C110508